U0186249

李乐骏　主编

茶养 人成

万物皆有茶性

弘益茶道美学精选集

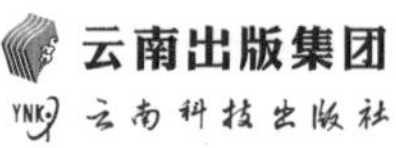
云南出版集团
云南科技出版社
·昆明·

图书在版编目（CIP）数据

茶人养成：弘益茶道美学精选集 / 李乐骏主编. --
昆明：云南科技出版社, 2022.5
ISBN 978-7-5587-2766-5

Ⅰ. ①茶… Ⅱ. ①李… Ⅲ. ①茶文化－中国②茶道－
美学－中国 Ⅳ. ①TS971.21

中国版本图书馆CIP数据核字(2022)第075260号

茶人养成——弘益茶道美学精选集
CHAREN YANGCHENG——HONGYI CHADAO MEIXUE JINGXUANJI
李乐骏　主编

出 版 人：温　翔
策　　划：李　非
责任编辑：杨志能
整体设计：长策文化
责任校对：秦永红
责任印制：蒋丽芬

书　　号：ISBN 978-7-5587-2766-5
印　　刷：云南灵彩印务包装有限公司
开　　本：787mm × 1092mm　1/16
印　　张：16.5
字　　数：252千字
版　　次：2022年5月第1版
印　　次：2022年5月第1次印刷
定　　价：156.00元

出版发行：云南出版集团　云南科技出版社
地　　址：昆明市环城西路609号
电　　话：0871-64101969

·编委会·

（按照文章出现顺序排序）

主　编： 李乐骏

作　者： 刘悦笛　张芳赐　大卫·帕金（*David Parkin*）
肖坤冰　沈冬梅　马守仁　唐婉约　秋　宓
杨海潮　鲁　云　贾程捷　徐艺珊　虞富莲
尚高德　代光勇　李远华　茶世恩　李乐骏
黄筠筠　青　桐　兮　浅　余　悦　朱海燕
曾雅娴　郝宗蕾　朱玉洁
（按照文章出现先后顺序排名）

摄　影： 局　部　李乐骏　杨海潮　自云峰　拙不锦
肖付清　杨　柳　韩利彦　简　辉

· 序 ·

中国茶的“自然天成”与“人文化成”

刘悦笛

（中国著名美学家、中国社会科学院哲学所研究员、“生活美学”理论倡导者）

我曾经是多么想，我们中国人，能写出一本如东瀛人冈仓天心那样的《茶之书》。毕竟，中国才是“茶的故乡”，中国可谓“茶的国度”，中国塑成“茶的文明”！

如今的这本《茶人养成》，作为弘益“茶道美学”精选集，也在一定意义上实现了这样的“梦想”。这本书的主编乃是中国“生活美学”教育优秀平台创办者李乐骏先生，他所创办的“弘益大学堂”已经建校十二年了。这个大学堂如今已成果斐然，迄今以“生活美学”为核心已为海内外培养了两万余位茶道师、花道师和香道师。这些来自海内外的莘莘学子不仅把“生活美学”的茶之道普及全国各地，而且使得弘益大学堂正在成为世界“生活美学”教育的最佳目的地之一！

弘益大学堂是一座中式传统“生活美学”教育大学堂，致力于在世界茶源复兴茶文化，在亚洲花都复兴花文化，在植物王国复兴香文化。它以现代教育理念，融合传统书院精神，为东方美学与生活艺术的回归不断践行。弘益大学堂的终身愿景，就在于建设一所关照当代并波及未来，致力于让一代青年重拾传统精神，让今日社会重塑东方美学的中式传统“生活美学”教育大学。

我也曾经多次参与这个大学堂的课堂授课，我也曾经记载下这样的难忘经历：祭香、投壶、沽酒、填词、赋言，听琴、和香、禅意、诗心……效古而不拘泥于古，以情入境，由境乐情，体验一种宋人乐于当下的人文情怀。

弘益大学堂的宋代生活美学课，以我的讲座始，以剧场式教学终，重沉浸化体验，又一轮圆满结课！

在这个领先的“生活美学”教育机构之下，还有一个非常优秀的传媒机构——“弘益茶道美学”。这是一个以微信公众号形式推送的在线新媒体平台，如今已有超过五万的读者订阅，在茶界影响甚众。为什么会有如此影响力呢？因为它特邀了289位撰稿人在这个平台上书写文章。在这些撰写者当中，既有教授、专家，又有资深茶人，还有普通茶爱好者，他们来自中国大陆和中国港澳台地区，还有国外华人，包括英国、日本等地的研究者。

这本书就是从弘益茶道美学已发表的三千多篇原创图文当中精选出来的。编者精心地将之纳入“茶的往事”“茶的旅行”“茶的物质”“茶的教育”和“茶的美学”这五个版块之内，共收入27篇具有代表性的文章。这也代表了这个内容平台从2013年创刊至今所取得的成绩，也让读者可以从各个角度来理解与体悟中国茶之“道”的玄妙与“器”的微妙。

《茶人养成》，这个书名，取得妙哉！因为当今中国正处在这个阶段——茶人的“养”与“成”的阶段。这种养成，就需要茶的教育；而茶的教育并不是一般的学校的教育，而是一种植根于生活的慢慢“修养”与逐渐“成就”的教育。这个过程，将是漫长的，将是道远的，也是任重的，也是责无旁贷的。所以，弘益大学堂和弘益茶道美学才致力于这方面的扎实工作。

中国茶，理应包括“自然天成”与“人文化成”两面。自然天成的一面，就需要对茶科学进行深入研究；人文化成的一面，则需要从历史、人文和文化的教育来加以解析。在这本书当中，既有茶的历史考证和地理考察，也有加工研究和考察笔记，还有茶道教育和茶道美学，可谓是覆盖了中国茶的方方面面，而且采取“以点带面”的方式，试图让我们窥见中国茶之全貌。

我也曾与“弘益大学堂”合作过两届“当代中国生活美学论坛”，合作非常之成功！首届于2016年在云南省博物馆举办，开启了“生活美学”在民间举办论坛的序幕；第二届则成为“中国南亚商务论坛”的分论坛，共谋“生活美学”与消费升级的大趋势；如今我们也正在共同筹划下一届的论坛。在“中国南亚商务论坛”上，我们还做了一场令人难忘的“华茶之夜”茶会，获得了广泛的社会影响。

为何要搞规模如此宏大的国际茶会？李乐骏先生曾对此特别加以说明：“弘益倡导的‘生活美学’，是继民国初年，20世纪80年代之后的第三次中国美学浪潮。这次最大的不同，在于美学从理论或者文章首次回归到了生活。而生活的本源，来自大众。如果‘生活美学’已是一种普世的人权，那么我们愿意让更多国民能感受接触，享受其中。这是个美的时代，再匆忙，中国大众都不能缺席！”

没错，中国民众不能缺席这一场“茶的盛宴”，中国人更要继续自身的“生活美学”传统，从而返本开新来滋润自己的新生活。这个巨大的雅集，也并不只是面对茶会的小共同体，其实是面向了更广大的喝茶的中国人群。这也是我从21世纪开始所倡导的“生活美学”与具体的茶文化和茶产业相结合的契合点。“生活美学”的脚，始终就深踩在这片土地之中，“生活美学”乃华夏本土的深厚传统，美与生活始终处于一种不即不离的关联当中。“中国茶”的道器合一，恰恰在中国“生活美学”当中最为显著。

以茶为先锋的“生活美学”，对于当今中国民众的“美好生活”而言，无疑会具有巨大的提升作用，那就是以“美的生活”来升华“好的生活”。由此，我曾提出，审美不仅是民众的一种“文明素养”，而且更是民众的一种“基本人权”。每个人都可以成为自己的“生活艺术家”，这才是“生活美学”的真正要义——你、我、他，每个人，不是成为纯粹的艺术家，而是把自己的生活“过”成艺术，从而成为自己生活的“艺术家”。

总而言之，这是一本以中国人为主所书写的《茶之书》，值得一读，必须推介。尽管这只是十二年的积淀成果而已，弘益大学堂在十二周年校庆之际，举办了一个“善意美好文化季”。我们期待着，下一个十二年，再下一个十二年……在中国与世界，弘益茶道的“生活美学”继续发扬光大，持续发光！

刘悦笛
己亥年隆冬于北京斯文至乐堂

何为茶道美学?

李乐骏

（弘益大学堂校长　华茶青年会会长）

从2009年提出“茶道美学”这一理念开始，弘益大学堂办学12年的经历，就是“茶道美学”不断进行理论建构、实践创新的过程。这集中体现在我们创办的“弘益茶道美学”这一自媒体的内容坚守与撰稿人结构上。截至2020年，已有289位来自中国、日本、韩国、英国、美国等地的撰稿人为这个茶人社群内容平台提供了近3000篇原创文章。

《茶人养成》一书，正是这些当代最优秀的茶叶文明书写者中，最闪光的思想与洞察的体现。本书的26位撰稿人中，有今日中国的茶学泰斗、研究大家，他们为茶学学科的构建贡献了终身；也有来自牛津大学、纽约大学等跨文明跨学科的顶尖学者，他们带来了丰富而独特的视野；更有来自当代茶文化实践现场的茶空间的主人、茶教育的教师们，最有时代温度的思考；还有那些单纯的茶爱好者甚至是茶叶小白的初心表达。

哲学家罗伯特·达尔在《多元政体》这本书中提出了“多元政体”这一概念。在达尔看来，一个国家越富有、财富越向民间分散、收入越平等，就越容易支撑多元政体的存活；而观念上，人们越认同民主、越实践平等、越信任他人、越善于合作，多元政体就越有生命力。“弘益茶道美学”内容平台的运营、《茶人养成》的诞生，正是一个茶叶文明多元沟通的产物，也是一个茶人思想乌托邦的小小奇迹。

那么，究竟什么是“茶道美学”？

我认为，它的意涵包括四大价值，即“茶”“道”“美”“学”。

“茶”，是指茶叶文明的物质价值。茶首先是一种物质，茶叶文明的展开不能脱离物质。茶叶的种植、加工、经营、品鉴、收藏皆是以茶的物质性为基础，而这个基础的根本，是茶叶对于人类身体的健康价值。

“道”，是指茶叶文明的精神价值。茶不仅仅是一种物质。在东方，从陆羽开始明确，它早已是一种精神图腾。茶与中国文人的相遇，使得茶叶的价值不仅仅局限于品饮与解渴，它关乎心灵，关乎生命的本质，关乎宇宙人生的终极。这几乎成了一种精神传统，延续千年。茶以“道”为代表的精神属性，是基于茶叶对于人类心灵的健康价值。

“美”，是指茶人、茶汤、茶事、茶空间中蕴含着的美学价值。它直指美学的核心，成为一种独特的、美的哲学。它具有强大的生命力，千年来，茁壮发展为以味觉美学为核心的拥有完整体验的美学体系。我一直认为，现当代中国，经历过两次美学热潮。第一次美学浪潮，以20世纪初，蔡元培先生提出“以美育代宗教”为标志。第二次美学浪潮，以20世纪80年代，李泽厚先生出版《美的历程》为高点。令人鼓舞的是，现在，我们或许正置身于“当代中国第三次美学浪潮”之中。第三次美学浪潮，发端于2000年后，以中国当代“生活美学”意识的觉醒与理论的建构为萌芽，正在不断深化实践之中。其中，以茶为代表的生活美学，有着最广大的认同群体与最丰富的体验场景，走得最远最深。2016—2017年，我与当代生活美学理论家刘悦笛先生共同在当代中国生活美学重要目的地——云南昆明发起了两届“当代中国生活美学论坛”，正是基于推动“用生活美学去善美社会”这一美好愿景，呼唤大众对于“当代中国第三次美学浪潮”的积极参与。

“学”，是指茶叶的教育价值。中国教育理念，从圣贤教育起始，发端于孔子，大成于科举，蔚为大观，也是中国人在今天还能称为中国人的根本保证。天地启迪圣贤，圣贤教化君子，君子感悟小人。茶是天地自然，草木精华，饮茶，就是保持与自然土地的身心链接。在信息社会，没有任何一种链接，比恢复这个链接更加紧迫，更加有价值。茶汤、茶事、茶空间中，有规范、有秩序、有礼仪。学习践行茶，不仅是学习健康的生活方式，更是重拾尊严教养生活的开始。“以行茶行礼法，以茶会美社会。”这已成为弘益大学堂全体教职员工与世界各地20000余位同修的共同承诺。

茶的物质价值、精神价值、美学价值、教育价值，基于这般对于茶叶文明本质与丰富性的探索，正是弘益大学堂12年来兴办“茶道美学教育”的思想基石与实践创新方向。

以上对于“茶道美学”理念多元价值的解读，都在本书中得到展现。本书以茶的往事、茶的旅行、茶的物质、茶的教育、茶的美学五个章节分别讲述。这是近20年中国当代茶叶文明一次多元思想成果的集中表达。本书不仅在讲述一朵花的美丽，还在试图告诉我们，养成一棵树、一个花园、一片森林的重要性。这无论对于国家，还是个人，都是极为重要的多元价值的思索。

向你郑重推荐本书，让我们一起——《茶人养成》。

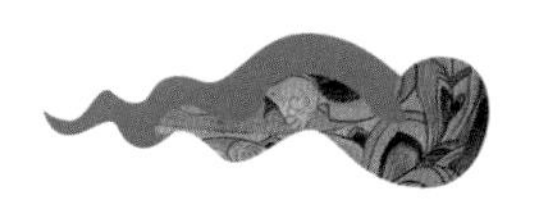

·目录·

茶的往事

高贤能创物·疏凿皆有趣

茶的旅行

消受山中水一杯

茶的物质

好茶本天成·妙手亦自得

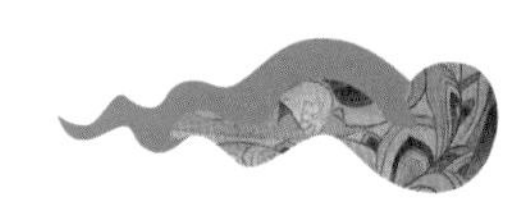

茶的教育

临风一啜心自省

茶的美学

落花风度煮茶声

茶为国饮，历史已经很悠久了。

中国是一个很讲究人伦关系的国度。茶，最能承载中国人的“和”文化。在中国传统礼制中，茶礼拉近了主客距离，成为社会关系的调和剂。茶之品性在于“精行简德”，这回应了儒家的伦理思想。儒生君子常常通过品赏茶性来提升自我涵养。饮茶清修，使人达到虚静的精神境界，这又与道家的哲学相契合。中国茶道更是一种综合的学问和深邃的文化现象，茶人从品茶中对比、关照、解读人生，寻求生命的多重意味。对茶道进行哲学审视，其实就是对中国人传统的思维方式和价值观念进行检视。

最早，茶叶并没进入文化意义世界，只作为自然物被关照。汉代诸如“武阳买茶”“烹茶尽具”等记载，说明当时的茶饮已融入日常生活。唐代陆羽写成茶学百科全书《茶经》，把茶提升为审美对象和价值载体。宋代出现“茶皇帝”徽宗，从国朝层面将茶饮推向极致，品茶成为宋人四雅事（品茶、挂画、焚香、插花）之首，斗茶更成为社会盛极的生活情趣。明代以降，文人、士大夫品茶是常见的生活方式。清代之后，茶饮进入寻常百姓阶层，成为社会普遍推崇的大众民俗。

茶是中华文化的载体，中国人大多爱茶。“茶的往事”收入5篇爱茶人的文章，作者无论用茶学家的专业知识培护茶树，还是以学者或茶人视角将茶放于世界格局或中国茶学传统中加以关照，抑或以本土化的文化身份挖掘各地的茶人茶事，这诸多和而不同的众声交响，无不反映了炎黄子孙对茶深厚的民族感情。

茶的往事

高贤能创物·疏凿皆有趣

昆明十里香茶
拯救与选育 60 年回眸

张芳赐

教授，云南农业大学茶学专业创始人，云南省科委科技成果评审专家，云南省农作物品种审定委员会委员，云南古茶树鉴定专家，普洱茶十大杰出人物。

昆明十里香茶（又名十里贡茶），自 20 世纪 50 年代初期，我就与昆明十里香茶结下不解之缘。从得知十里香濒临灭绝即开展调查和拯救、保护、选育等工作，至今六十多年，倾注了我毕生的心血。虽然经受了许多难以言表的挫折和艰辛，但我一直没有放弃对其的关注。在省、市有关领导、学校领导、师生、茶界以及亲友的重视和支持下，贡茶“国宝”—— 十里香茶，现在又重现江湖，供人们品尝。这是我人生中最大的欣慰和快乐。

昆明十里香茶的历史、品质和昆明人的饮茶情怀

据《昆明县志》记载，昆明十里香茶原产于昆明市东郊金马镇十里铺村、归化寺等地，始于唐朝，盛于明朝，距今已有 1300 多年的历史。昆明十里香茶属小乔木型中叶种，因品种优良，生长在海拔 1800 米以上的高原地域，所以制成干茶，品质特佳，有高原天然兰花香。明万历年间，十里香茶被列为皇家贡品。据《云南通志》记载，十里香茶每两（1 两 =50 克，全书特此说明）茶价高达滇币 3 元，折合旧币大洋

张芳赐教授在十里香茶厂

3 角 9 分；直到中华人民共和国成立前夕，每两茶仍可换大米 1 公斗（10 ～ 12 斤）。一般茶叶每市斤（1 斤 = 市斤 =0.5 千克，全书特此说明）七八角钱，而十里香茶每市斤高达 10 ～ 20 元。历史上昆明设有十里香茶馆，专卖十里香茶。十里香茶的声誉极高，当时流传着诸多关于十里香茶的美谈，如“一杯十里香茶，全馆皆飘香”“室内做茶，室外香”“吃水要吃吴井水、吃茶要吃十里香”“十里香茶能治病”等。采茶季节尚未开采，茶商就住在村里等候收购。

十里香茶濒临灭绝的原因和拯救、选育过程

昆明十里香茶，在明万历年间成为贡品以后，各级封建统治阶层层层加码，贡茶量逐年增加，茶农受剥削程度日益加重，民不聊生。到了清同治年间，杜文秀在大理领导农民抗击满清政府，农民起义军席卷整个云南，杜文秀之女率兵驻扎昆明东郊一带，愤怒焚毁贡茶基地的茶树。后归化寺一带的茶山成为光山，群众取名“成光山”。但十里铺茶园旧地，群众仍称茶园田。据《民国商务概况》记载：“民

十里香茶传统制作工艺之鲜叶摊晾

十里香茶传统制作工艺之鲜叶手工揉捻

国元年至民国二十年，十里香茶品质最优，惜产量太微，除礼品外，不见于普通市面，故不能以商品视之。”民国期间，国民党军队驻扎在十里铺一带，又把残存的茶树砍伐掉，仅在田边、地埂残存零散的茶树，十里香茶濒临灭绝。

1955年，苏联专家来云南省考察紫梗和茶叶，我和赵正经同志从云南省农林厅借调到中国科学院植物研究所昆明工作站（即现在的昆明植物研究所）做准备工作。在站长蔡希陶先生的指导下，我认识了住在工作站的刘幼镗先生。我们先后几次请刘幼镗先生介绍十里香茶的情况，刘先生说他从国外留学回昆明，名气很大的十里香茶引起了他的关注。他做了很多调查研究，并邀约六个好朋友集资成立六合实验茶场（现在的六合生产队就是以六合取名）。“当时难以找到十里香茶茶苗和茶籽，六合实验茶场培育了近十年才栽了三四亩（1亩=667平方米）茶园，约有400～500棵十里香茶苗。”从刘先生的介绍中，我们得知他很喜欢昆明十里香茶。刘先生在他住的龙头街的院子里也栽了几棵十里香茶。他在介绍时语重心长地说：“你是茶叶技术干部，去看一看，也做些研究。”于是，第二天我即去刘家花园访问调查，并采回鲜叶做茶。这些鲜叶在杀青过程中散发出天然茶香，这令我极为兴奋。1953年，我在大学读书期间去浙江省杭州全国名茶第一名——西湖龙井茶生长最好的地点狮峰实习做茶。但在这次做十里香茶时，我的第一感觉是昆明十里香

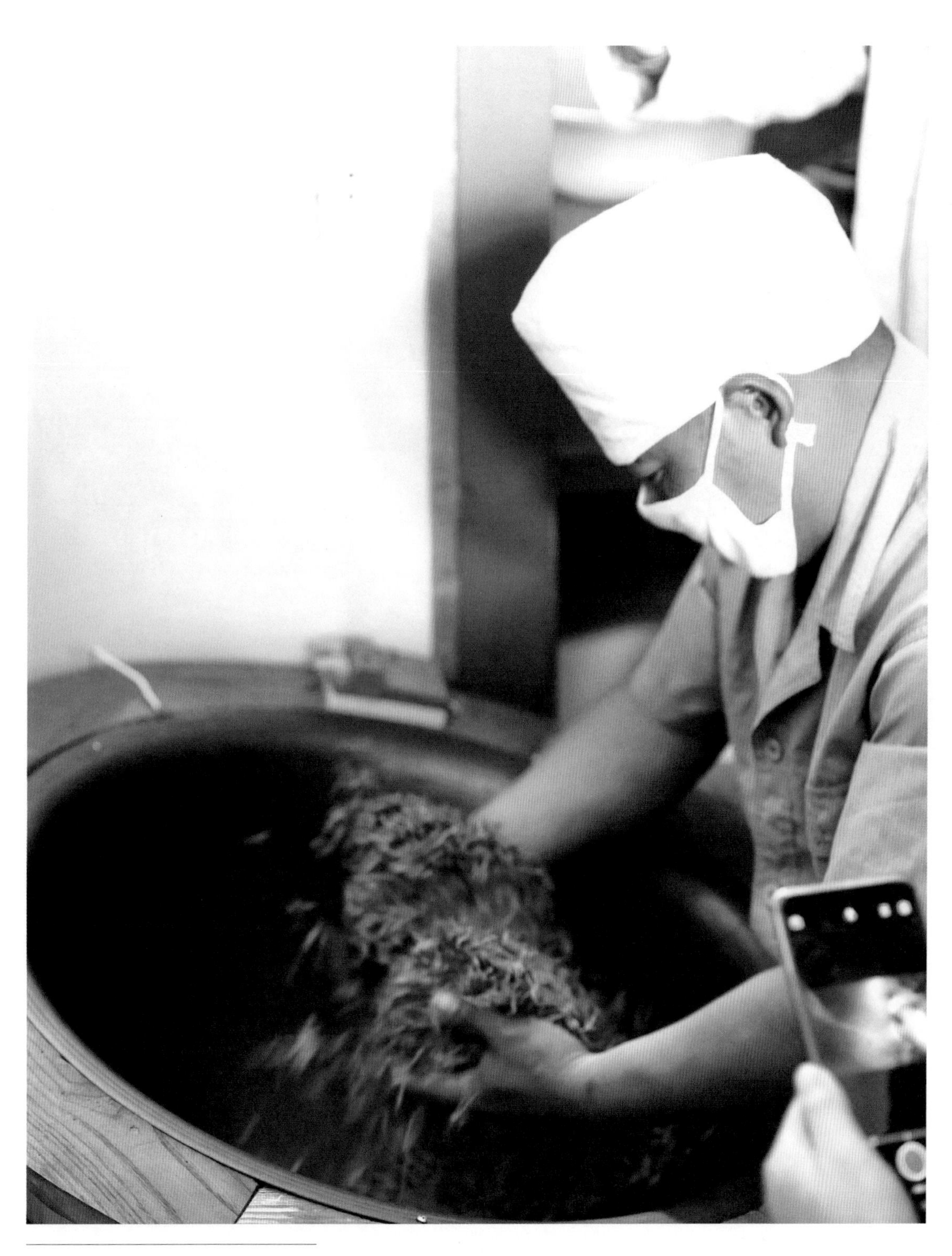

十里香茶传统制作工艺之鲜叶手工杀青

弘益大学堂同修在张芳赐教授恢复的十里香茶园访茶

茶比狮峰西湖龙井茶更香，更有特色。十里香茶品种优良，香气特异，十分诱人，令人难忘。所以我决心研究它、拯救它。1956年，我回到农业厅工作，及时向领导汇报了昆明十里香茶的情况，并提出希望对十里香茶做进一步的调查和研究。我的提议得到领导的支持。但在调查十里香的过程中，我的心里又着急又难过：我们调查所到之处如十里铺、金殿凤凰山、麦冲、西山碧鸡关、大普吉等地，有的地方茶树已全部被毁，只有大普吉、麦冲、十里铺村的田边、地角、沟埂零散残存了少量茶树，而原六合实验茶场的茶园已无人管理，缺株、衰老严重。看到昔日的贡品茶、滇茶之珍品的昆明十里香茶濒临灭绝的景象，我作为一名茶学工作者，心情十分沉重。

尽管在后来的研究工作中，我碰到一些挫折，但我对十里香茶的关注和保护研究始终没有放弃。

1972 年，我从云南省农业厅调到云南农业大学筹建茶学系。大学给我提供了研究十里香茶的好条件。我立即把十里香茶列入教学、科研内容，组织师生对十里香茶进行调查研究，让广大师生知道十里香茶的魅力和价值，调动更多的人宣传、保护十里香茶。1976 年，我们的科研团队经过调查研究，向省、市有关单位汇报了调查报告和一份建议书，我们的汇报得到了有关单位领导的重视和支持。

经有关单位研究确定，云南省茶叶公司拨 8.5 万元专款，给十里铺村坡头、坝脚的 20 多棵老茶树打围墙进行保护，并挂牌标示为“十里香茶保护区”，十里铺村安排专人管理，昆明市农业局也派人参与管理。2004 年，昆明市东绕城高速公路建设工程启动，“十里香茶保护区”的围墙被拆，茶地被占，十里香茶树被卖给私人。由于王文涛市长的重视，我们才追回 9 棵老茶树，并将这几棵遗存的老茶树移栽至云南农业大学茶学系的专业茶园里。

1978 年，云南省茶叶学会召开学术研讨会，我发表了《祖国名茶——昆明十里香》这篇论文，使更多的人知道十里香茶的历史，并投身到保护十里香茶的行列中来，同时我自己也展开进一步的研究工作。1978—1981 年，我在云山大队六合生产队（原六合实验茶场所在地）设点观测十里香茶树的生物学特性。经过 4 年的观测，我将十里香茶群体品种按照叶型和色泽分为六个类型，并于 1982 年开始用塑料大棚分别扦插繁殖茶苗，进一步开展选育工作。六合生产队距学校十多千米，当时没有通往六合队的交通车，步行单程要走 3 ～ 4 个小时，给管理带来很大困难，所以，1985 年，我们将塑料大棚迁回农业大学，继续扦插繁殖茶苗和开展杂交研究工作。学校试验地不够用，于是我们同年又向龙泉镇雨树村民租其承包的土地 20 多亩，建立十里香茶试验地和母本园。30 多年来，我们选育出十里香茶 1 号、2 号、3 号三个品系。这三个品系，无论长势、抗性、品质都优于原群体品种，产品销往省内外，得到很高评价。2006 年，安徽农业大学王镇恒教授应邀参加云南省第一届普洱茶国际博览会。期间他参观了雨树村十里香茶试验地并品尝了十里香茶。他评价说：“十里香茶冲泡了 5 次都不减味，香韵别具一格，耐泡性已远超绿茶中的西湖龙井、黄山毛峰、洞庭碧螺春。由于其香气特别，更有研究价值。”同年，日本长谷川香料株式会社技术研究所对昆明十里香茶进行生化分析，他们得出的结论是：十里

张芳赐教授在弘益大学堂授课

香茶的儿茶素含量高出西湖龙井40%以上，高出黄山毛峰100%以上。

在省、市和学校领导的重视、关心、支持下，在家人的理解和竭心尽力地帮助下，昆明十里香茶开始重现光彩。2006年9月，省委常委黄毅（时任省政府秘书长）、云南农业大学原党委书记王寿南、省创新办副主任李晓霞等领导专程到雨树村十里香茶试验地指导工作后指出，昆明十里香茶是昆明历史文化和生态资源的瑰宝，要大力发展，要走出去，把十里香茶放到农村种植示范，带动农民种植，让农民也富裕起来，早日奔小康。根据领导指示精神，2007年初，昆明市创新办领导亲自率领我们到昆明各县选种植示范园园址。2008年3月，我们最终选定石林县石林镇小密枝村山头上为种植示范园。当年建塑料大棚1100平方米，扦插繁育茶苗19万多株，从昆明运去茶苗，种植了30多亩十里香茶。随后3年连续干旱，但我们都坚持克服重重困难

张芳赐教授创业新建的十里香茶厂

抗旱栽种，并于2010年在山头上建了100亩的十里香茶示范园。建园至今，学校领导王寿南、张海翔、吴伯志、盛军多次组织系、处级干部到示范园指导工作，并经常关注示范园的建设，给予我们很大的鼓励和帮助。

我今年84岁，已退休二十多年。10年前老伴去世后，在美国定居的女儿多次提出，希望我到美国和她一起生活，以便照顾我。但我考虑到十里香茶还没有走出困境，还需要我，不能一走了之，所以仍然坚守在昆明十里香茶的保护、研究和发展的岗位上。茶树是多年生农作物，生长周期长。我研究十里香茶几十年，精力和经费投入不少，但几乎没有收入。在此，我要特别感谢我的爱人马祝芬同志（云南农业大学原教务处副处长）几十年来对我工作的理解、支持和帮助！

我们对十里香茶进行保护和研究，其最终目的还是要发展。但要发展就要继续投入，资金从哪里来？针对这个难题，我的子女们反复进行商讨，决定支持我继续研究培植，于是大家凑钱创办了十里香茶厂。茶厂建起来后，既加工十里香茶，又加工普洱茶。我的二儿子张辛和儿媳妇张天璇辞去条件很不错的工作，决心跟我一起干。从建厂至今，茶厂生产的普洱茶销到广东、广西、福建、中国台湾、深圳和四川等地，产品受到一致好评。

近几年，十里香茶厂生产的昆明十里香茶和普洱茶在国内外多次获奖，甚至获大奖。2009 年，云南茶界庆祝共和国六十华诞“国庆杯”名优茶评比中，十里香茶获金奖；2010 年，十里香茶在上海世博会名优茶评比中获金奖；2011 年，十里香茶在日本世界绿茶评比大会中获金奖；2014 年，十里香茶在杭州第十届国际名茶评比中获金奖；2014 年，十里香茶在昆明首届泛亚会议国际名茶评比中获金奖；2013 年，十里香茶被农业部收录于“全国名特优新农产品”目录中。

昆明十里香茶是中华民族老祖宗留下来的宝贵遗产，来之不易，我们不仅要保护好，还要发展好，这是我们义不容辞的责任。2012 年，我和家人又自筹资金，在中国台湾石林县农民创业园创建了 2000 平方米十里香茶厂，并新建了 100 亩十里香茶种植示范园。虽然困难重重，但我们全家决心在未来几年时间里带动茶农种植十里香茶，提高茶农收入，让广大茶农更加富裕。同时，我们要把十里香茶做大做好，为云南省茶叶创造“十里香”名牌，力求让十里香茶成为全国茶叶品牌，并使之走向世界。

高茶与低茶：中国与英国饮茶的联系与比较

大卫·帕金
(David Parkin)
英国社会人类学家，英国学术院院士、欧洲科学院院士，英国皇家社会人类学会前主席，牛津大学社会与文化人类学研究所前所长，北京大学『大学堂』学者。

肖坤冰
文化人类学者，茶文化研究者，厦门大学博士，上海纽约大学复旦大学联合博士后，西南民族大学副教授，牛津大学访问学者，华茶青年会副主席。著有：《茶叶的流动——闽北山区的物质、空间与历史叙事（1644—1949）》《人行草木间——贵州久安古茶树的历史人类学考察》。

茶：中国与世界的联系

剑桥大学的人类学家 Alan Macfarlane 的母亲 Iris Macfarlane 是印度阿萨姆地区一位茶园经营主的妻子。Alan Macfarlane 在与母亲合著的《绿色黄金》（*Green Gold*）一书中，展现了茶叶在过去的两千多年中令人惊叹的历史。在展开论述之前，让我们先简单回顾一下这本书中的一些观点。

野生茶树（*camellia sinensis*）是很早以前在喜马拉雅山脉东麓的丛林中被发现的。当地人咀嚼这些树叶，将其视为一种药物内服外用，以刺激或者舒缓身体。这一植物引起了中国商人的兴趣。他们将其带回中国西南地区，种植在僧侣的寺院里，从而将野生茶逐渐转化为一种矮小的可采摘的灌木，并且在唐代开始在中国各省传播。在很长一段时间里，茶叶被压制成茶砖，至今依然在中亚地区传播和饮用。而将茶叶浸泡在热水中则是今天最普通的饮法。茶叶及其品饮习俗从中国传播到世界的其他地方，大量进入英国则是在 18 世纪 30 年代左

非洲肯尼亚茶区黑人茶农采茶照片——弘益大学堂中国茶书房馆藏

右。在中国，很长一段时间内，茶都是被贵族和上层社会仪式性地饮用。此后，大约在公元600年传入日本，17世纪由中国传入欧洲。

“高茶”与“低茶”在中国：精致的茶与粗糙的茶

虽然中国是茶树培植的摇篮，但是日本的茶道传承却是不可忽视的。日本茶道大师冈仓天心在其所著的《茶之书》中，将茶的进化演变史大致分为三个阶段：煎茶（Boiled Tea）、点茶（Whipped tea）与泡茶（Steeped tea）。三种不同的饮茶方式呈现出东方不同阶段的文化心绪。用来煎煮的饼茶、用来击拂的茶末和用来淹泡的茶叶，分别鲜明地代表了中国唐代、宋代以及明代的感情悸动，可以用美学的三个流派将之归纳为古典主义、浪漫主义与自然主义。

1951年，美国第四十九届茶叶专家委员会的专家们审评当年进口美国茶叶的茶样——弘益大学堂中国茶书房馆藏

如果我们暂时撇开中国茶在近代世界范围内的大量出口，仅仅考虑茶在中国古代的发展，那么唐朝和宋朝无疑是最为辉煌的两个朝代。在这两个朝代中，茶的发展得益于皇室、帝国的国家实力及宗教意识形态的影响，尤其是佛教和儒学的影响。

“高茶”在唐朝：茶的第一次转型

今天，我们喝茶远远不止是喝一种饮料。我们赋予了茶诸多的意义，比如茶成为中国的一种文化符号，意味着东方的冥想与古老的东方形象。然而，却很少有人意识到，茶在古代曾是被用作祭祀的，并且在很长一段历史时期内被视为一种草药。在唐朝，茶经历了两次重要的“转型”。首先，茶从一种简单的商品的粗糙状态中脱离出来，逐渐地被赋予了精神层面的意义；其次，茶的用途开始由药用向饮品转化。

唐朝，饮茶成为一种优雅的社交活动，然而却被局限于上层社会中饮用的“高茶”（为了加强概念性的对比，这里借用了英国的“High Tea”一词，指的是售价高的、精致的、优雅的茶）。当时的茶具依然保留着加工中草药的器具的外形。生活于中唐时期（8 世纪）的陆羽在其死后，由于他对茶道的贡献而被后世誉为“茶圣”。在他所著的《茶经》中，他发现并创制了茶文化的“密码”。在《茶经》的第三卷第十章中，陆羽描述了茶的起源、烹茶的器具、茶的分类、加工方法、著名茶产区、对水和茶器的选择等。《茶经》的出现，在同时代引起了震动，陆羽所描述的饮茶方式逐渐演变为一种饮茶仪式。

尽管如此，唐时饮茶仍然未能普及到大众。确切地说，那时“饮茶”迅速成为一种社会风尚在皇家贵族、儒生、佛教徒、道士之间流行。诗人和儒生们创作了大量的文学作品赞美茶，鼓吹饮茶的好处，但也促成了上流阶层与劳动人民阶层的区分。对于大部分民众而言，无论是作为日常饮料的茶，或是精致的茶器，在经济上都是难以承担的。在陕西法门寺出土的一套唐朝皇室的茶器可以证明，茶在当时仍保留有药用的原始面貌，用来研磨茶的茶碾子和中医用的药碾子在外观上几乎是一样的。茶被研磨成粉末再进行煎煮，这对于穷苦大众来说是一项耗费精力和时间的工作。

从“高茶”到“低茶”：茶在宋朝的繁盛与转型

中国茶文化的发展在宋朝达到了顶峰，但却呈现为相悖的两方面。一方面，在文人的推动下，茶的品饮方式变得更为精致、复杂。一场茶会通常成为有书法、绘画、音乐、哲学等融合在一起的“雅集”。但另一方面，饮茶也不仅仅局限于贵族和文人的圈子，而是开始向一般大众普及。他们喝茶是将茶作为解渴、提神的实用性饮品，而不是像文人雅士那样将茶视为通往精神世界的媒介。

茶文化之所以在宋朝如此繁荣，与宋徽宗赵佶的个人喜好有很大关系。宋徽宗是中国历史上非常有名的一位皇帝，他虽然不擅于治理国家，但却在书法、绘画等艺术方面有很高造诣。他也是一位伟大的茶文化践行者，他喜欢品茶并时常组织臣子们进行斗茶活动。在他心情好时，甚至会亲自为被宠幸的朝臣们点茶。他所绘的《文会图》生动地展示了文人雅士们斗茶的场景。他还写了一本关于茶的专论《大观茶论》，全书共 20 篇，对北宋时期蒸青团茶的产地、

全世界销售规模最大的茶叶公司，立顿创始人汤姆斯·立顿爵士照片——弘益大学堂中国茶书房馆藏

采制、烹试、品质、斗茶风尚等均有详细记述。尤其是他提出的“七汤点茶法”，在茶文化史上具有重要意义。

除宋徽宗本人的大力推动外，还有大量的学者促进了品茶的精致化与理论化。他们似乎更喜欢“玩”茶而非喝茶。宋朝的斗茶采用“点茶法”。茶叶被研磨成精细粉末，加入热水，再用茶筅快速击打以产生泡沫，并可以形成各种图形，这被称为“茶百戏”。产于福建的“建盏”在斗茶活动中尤其受欢迎，因为黑釉衬托得白色的汤花更为鲜明。这些儒生也写了大量有关品茶的诗文，使得品茶更为理论化和系统化。

尽管宋朝的饮茶更为精致化和仪式化，但饮茶也开始在普通群众和整个社会中逐渐流行。原因有以下几点：首先，宋朝时全国范围内茶产量大大提高，年产茶总量几乎是唐朝的三倍。其次，宋朝的“高茶”和“低茶”之分可以满足不同社会阶层的需求。当时，全国主要可分为三个大的茶产区：质量最好、价格最高的茶产区在东南地区，包括安徽、江苏、浙江、江西、福建、湖南等地。这些产区出产的茶通常采摘其嫩芽，并且加工也非常精细，主要是为了满足社会上层和贵族的口味需求。比如，当时在福建武夷山就设有“御茶园”，并且朝廷派有专门的官员负责监制这类贡茶。与此相反，西南茶区的茶采摘通常更为随意，带有很长的枝梗，加工也很粗糙。这些茶大部分被很便宜地卖到涉藏地区和北方的游牧民族中。再其次，尽管宋朝在军事实力上羸弱，甚至被迫要向北方的辽国和金国每年交纳大量“岁币”，但在经济和文化上却非常发达。尤其是在徽宗的治理下，整个社会对文人、艺术家、画师的尊崇达到中国历史上前所未有的高度。而茶被视为是文人创作艺术的催化剂，或者饮茶本身就被视为一种更现实的艺术，来自社会不同阶层的人可以选择不同种类的茶：高茶或低茶、贵的或便宜的、精致的或粗糙的。这样一来，举国上下都浸入茶文化中，皇室和贵族可以品饮“高茶”，而一般群众也可以消费“低茶”。

立顿茶叶公司高管陪同来访者参观茶叶审评室——弘益大学堂中国茶书房馆藏

社会阶层、地理空间与道德美学上的三重“高、低”结构：茶道追求中的两难困境

回顾唐宋两朝的饮茶风俗，我们可以看到茶的分类与饮茶者的社会地位是紧密相关的。皇室贵族以及上流社会的官、绅、文人品饮“高茶”，下层民众能够负担得起的则是采摘较粗糙、加工也很粗糙的“低茶”。这是第一个层面上的可见的和明显的“高、低”社会结构之分。但同时，在茶的生产地与消费地之间也存在一个非常有趣的地理空间上相反的“高、低”结构。在前工业社会中，茶是极少数能够承担远距离运输的商品之一，这就意味着茶的产地与消费地是分离的。在地理空间上，种茶的茶农通常居住在遥远的山区，而茶的消费者则是居住在平原上的城镇居民。并且，居住地的不同海拔高度（山地、平原）事实上还暗含着一种“文明”的分层。穷人以及未受过教化的人通常被认为居住在海拔较高、与世隔绝的深山中，而富人、文人雅士和教化程度越高的人越被认为是居住于平地上繁荣的城镇中。简而概之，居住的海拔越高，则其对应的社会阶层越低。这在中国古代的“汉、夷”区分观念中尤为明显。

19世纪20年代，早期大幅银盐照片：茶树花朵和果实以及茶叶——弘益大学堂中国茶书房馆藏

静物写生——茶具Jean-Étienne Liotard（约1781至1783年），油画，洛杉矶盖蒂中心（Getty Center），南馆，S201

其次，中国古代的茶文化受到佛教和道教影响。在上流社会的饮茶中有较强的仪式感，这种仪式感是通过精致的器物、奢侈的环境呈现出来的；而宗教的影响则表现在他们的言谈、身体姿势和动作中。这些逐渐形成了茶道美学，饮茶者试图以此为途径通往更高的（宗教）精神境界。然而，受到佛教影响的茶道美学确实存在一种内在的两难困境。一方面，品茶的实践行为被认为是对美的追求，这种美不仅是物质层面上的器物之美，同时也指精神层面上的美德。一位真正的茶人还应该具备佛教的“大慈悲”精神。这意味着，品茶者要将茶视为来之不易的一种“赐予”，因此应该对那些穷苦的、辛勤采茶制茶的茶农也怀有一颗慈悲之心。另一方面，饮茶者越是追求茶的高质量，这就暗示着茶应该生长在海拔更高、更险的地方。比如俗语所言“高山云雾出好茶”，这也意味着茶农的工作将更为艰辛。因此，最终的两难困境在于上层社会的品饮者越是追求物质层面上的“高茶”，他们在茶道美学的精神层面则会更低。

从中国到英国、肯尼亚

18 世纪与 19 世纪的英国，喝茶在上流社会的资产阶级中逐渐成为一件时髦的事。英国上层精英的饮茶者们发展出了茶的社交与社会阶层区分功能。因此，出现了“高茶”（High Tea）的说法，它模棱两可的意思将在下文中具体阐释。在英国，虽然饮茶的术语、习俗与礼节在不时地变化，但茶作为一种恒定不变的社会标识物却一直没有变——它被消费者视为一种饮料，也在餐桌上与菜肴一起出现。这是本文将要阐述的第一个主题。

第二个主题是，在中国之外，茶叶的生产、分配以及消费的国际化。在英国殖民统治印度时期，世界对茶的需求日渐增长，这就促使了 19 世纪中叶时，英国将茶的种植扩展到气候与生态较为适应的印度北部，尤其是阿萨姆地区。后来，茶树又被种植到了土壤与气候都满足条件的东非肯尼亚地区。尽管肯尼亚与印度和中国相比，国土面积要小得多，但是这个国家后来却成为世界上最大的红茶出口国以及第二大茶叶出口国。茶叶的历史成为持续几个王朝的故事，从中折射出古代到现代世界的“文明”与帝国，国际关系以及殖民关系，以及在茶叶出口领域中饮茶礼节作为一项阶层标识物的作用。

在茶叶成为欧洲饮用最广泛的饮料之前，它在中国是被作为草药对待的。后来，茶叶令人愉悦的味道使它逐渐成为一种受人欢迎的饮料，而不仅仅是用于预防或治疗。换句话说，当时的人们已经有意识地将茶叶的愉悦性与治疗性进行了区分。在英国和肯尼亚，人们饮茶主要是因为其口感以及令人愉悦的作用，而非治疗性的。但它有时也和“泛健康”联系在一起，有时也被视为佐餐的一种。

当英国殖民者在 20 世纪初期进入肯尼亚时，他们也随之带来了很多人工制品以及生活方式，尤其是那些携配偶和家人来的英国人。在他们带来的精致的餐具中，包括被称为中国“骨瓷”制作的精美茶具。据称，当时“中国风”颇为流行。

英国殖民政府的官员以及移居者大多来自英国的上流社会、中产阶级或有贵族背景。他们的英国精英式的生活方式与做派将他们与当地原住民截然分开。这种生活方式的区分一直持续到 1963 年肯尼亚独

清朝同期相馆照片（四名喝茶淑女，大约为1870—1890年）——弘益大学堂中国茶书房馆藏

立，但这种区分在“二战”期间和“二战”后有所缓和。但是不管是在正式场合还是非正式场合，以茶为中心招待家庭成员、朋友和组织聚会的观念却一直被保留下来。我们也可以看到肯尼亚在英国殖民扩张时期“采借”了英国的饮茶实践。

在英国习语中，“High Tea”一词经历了一个激烈的意义转变过程。来访者如何在家中被招待，或者人们怎么将茶视为家庭营养获取的一部分，这都反映出了复杂的社会性。Afternoon Tea.Co.Uk. 公司的部分广告摘录，为我们理解在深受英国阶层背景影响下的当地茶的呈现与消费提供了某些有趣的历史观察，从中可以看到食物如何与饮品相结合的历史。可能与人们的想象有所不同，“High Tea”（高茶）一词最

1978年，茶叶运输箱子被创意性地当作家具使用，可见当时茶文化流行——弘益大学堂中国茶书房馆藏

早是工人阶层使用的，用来与上流社会的下午茶进行区分。他们在适当的时候用这个词来描述工人阶级的独特实践。而上流社会的人，在某一个时期提及他们自己的实践时则用“Low Tea”（低茶）一词，这种下午茶通常在下午 4 点左右，在时髦的海德公园舞会之前举行，并以此将他们的实践与中产阶级和工人阶级的“High Tea”进行区分。后者通常会提供更丰盛的膳食，时间也更晚，通常在接近下午 6 点的晚餐时间。

上流社会更重视将茶作为下午时段的一种饮料进行品饮，而工人阶级和中产阶级更多地将茶饮视为一顿餐饮——这种新的餐饮形式既包括食物也包括闲适地饮茶。它既可以叫作“下午茶”（Afternoon Tea），也可以叫作“高茶”（High Tea）。后来，工人阶层逐渐摆脱了“High”的前缀，而只是称为“茶”。因而，“我要回家喝茶了”（“I am going home for my tea”）实际上指的并不止喝茶，还包括吃饭。

上流社会的仪式性的饮茶场景经常成为艺术家绘画的对象。但在普通工人之间，饮茶并不经常都是郑重其事的，而是以有限的方式和非正式的实践在日常生活乐趣和社会化中占据了一个非常重要的位置。比如，邻居之间有时因为各种原因突然到访，这时他们就会被招待喝茶。

下午茶和高茶

在英国，上流社会的饮茶越来越成为一种社交事件。一开始，下午茶是那些沉迷于社交的女士们的私事。在19世纪早期的时候，茶叶消费在英国急剧增长。关于下午茶在当时的“发明”有这样一段故事：据称，第七任贝德福公爵夫人安娜（Anna）经常抱怨在下午有一种沉沦沮丧的感觉。因为当时一天只有两餐——早餐和晚上8点左右的晚餐。公爵夫人的解决之道是在下午，命人将一壶茶和一些小点心送到她的房间。在适当的时候，她也会邀请一些朋友到她在乌邦寺（Woburn Abbey）的房间一起享用。后来这一实践逐渐流行，以至于公爵夫人回到伦敦后依然践行这一习惯。她向她的朋友们发出卡片，邀请她们来喝茶，在田野中走走。其他喜欢社交的女主人们也开始采取这种方法，因为这种做法受到很多人欢迎而逐渐发展为到“画室”中举行了。后来，这一下午茶饮用方式传遍了追逐时髦的上流社会，越来越多的人在下午小口啜饮着红茶，细嚼着三明治。

下午茶不仅是在早餐和晚上8点的正餐之间的过渡餐，其本身也成为了一天中的一个重要阶段。下午茶可以被视为是英国在1840年形成的与茶有关的一套仪式。除邀请的礼节外，还包括阶级的适应性、就座的姿势、谈话的风格等，食物的供应也遵循一种既定模式，通常包括“手指”、三明治、甜点、蛋糕。在20世纪早期的时候，又出现了涂有奶油和果酱的烤饼。

当维多利亚女王参与下午茶仪式以后，一种更为正式的、更大型的形式出现了，这被称为“茶会”（Tea Reception）。“茶会”可以接待几百位客人，但却是在下午4点到7点在家里以开放式拜访的形式举行，因此允许流水一般的客人随来随走，只要他们愿意。在某种程度上，这也部分促成了今天相对开放的下午茶仪式。这种“茶会”对一些酒店和餐厅举办的生日宴会、婚礼、婴儿洗礼而言，是一种很好的选择。

这种繁复的下午茶礼仪适合于能负担奢侈生活的上流社会。然而，工人阶级也自有一套不同的时间表和预算。19世纪和20世纪早期的茶，售价仍然相对昂贵，而人们在日常生活的必要开支并不能延展至茶。工厂里的工人们直到下午6点才能回到家，而7点或者8点又开始干活。

立顿爵士在办公室与友人合影，其中背景墙上的“没有什么比工作更快乐”让人印象深刻——弘益大学堂中国茶书房馆藏

工人们出门工作时通常自带盒装午餐，而一天中最重要的一顿晚餐大约是在下午6点开始。因此，在英国的工业区（主要是英格兰北部和中部，苏格兰南部以及威尔士南部），工人们的晚餐逐渐演变为“高茶”（High Tea）。而其之所以被称为“高茶”，是因为工人阶级或者中产阶级用餐时，通常是每个人各自坐在餐桌前的高椅子上。而上流社会的下午茶，客人们通常都是坐在较低的、更为舒服的椅子或者沙发上，摆放茶具的桌子也相对较矮。“茶”在这里其实指的是用“餐食”。后来茶这种饮料的价格逐渐变得可以承担，在晚餐的餐桌上，茶既与

一些固体食物一起享用，其本身也逐渐被视为一种食物。而在语义学上，它不独指一种饮料。因此，英国工人阶级的“高茶”通常包括一大杯茶；理想情况下还应该有牛奶、糖、面包、蔬菜、奶酪，有时也有肉食；也可以不时变换着配以馅饼、土豆、饼干等。

一言以蔽之，上流社会的下午茶更倾向于一种社交活动，而非必要的营养餐，虽然他们有时也声称这种下午茶有利于在晚餐之前消除饥饿感。但在18—19世纪时，工人阶层的“高茶”却是必需的、一天之中最重要的一餐。然而有趣的是，在某些情况下，上流社会也在下午茶前加上“高”这一前缀，用来指那些增加了鸽子、小牛肉、鲑鱼和水果等食物，但是依然在下午时间进行的茶会。上流社会的“高茶”的优点在于即使仆人们不在的时候也非常方便准备。因此，“高茶”指的是一顿餐饮，“高”在字面意思上指的是工人阶级吃饭时所坐的椅子高度较高，同时也暗示了其阶层区分。省略掉这一前缀后，下层民众含有茶和食物的一餐就简称为“茶”。这一使用方式一直保留到现在，尤其是在英格兰中部和北部以及苏格兰南部。

可见，英国下午茶在不同的时间段里使用术语的模棱两可和变化性是显而易见的。尽管在今天的英国，阶级间的差异采用了新的参考对象和标准，但有时也会在某些形式上有所坚持。现在，英国从酒店到餐厅几乎都提供下午茶，而在前英属殖民地或世界其他受到英国文化影响的地方，菜单上的“高茶”都包括饮食和茶。现在，伦敦的利兹酒店的菜单上仍然保留有“伦敦高茶”一项，因为它拥有大量从海外慕名而来的客人。在英国，有很多场所都提供特别的“高茶”菜单，在下午茶之外，它还增加了诸如威尔士干酪、英式松饼、馅饼或煎蛋卷之类的开胃菜。

（本文为2014年5月在福建安溪召开的“中国茶的世界”学术研讨会会议论文。原文为英文，译文有删减）

陆羽《茶经》的历史影响与意义

沈冬梅

博士，教授，中国社会科学院研究员，中国国际茶文化研究会学术委员会副主任，国务院参事室华鼎国学研究基金会国茶专家委员会委员，中国茶叶学会茶文化咨询专家，茶艺专业委员会委员。

陆羽（733—804 年）所著《茶经》是世界第一部茶学百科全书，自唐中期约 758—761 年撰成以来，在当时及其后至今，对中国以及世界茶文化的发展都产生了重大而深远的影响。

陆羽与《茶经》在唐代的影响

陆羽，字鸿渐，一名疾，字季疵。唐复州竟陵（今湖北天门）人。居吴兴号竟陵子，居上饶号东岗子，于南越称桑苎翁。据其自传云“不知所生，三岁时被遗弃野外，龙盖寺（后名西塔寺）僧智积于西湖水滨得而收养于寺”。

陆羽自幼就与茶结下了不解之缘。幼年在龙盖寺时要为智积师父煮茶，煮的茶非常好，以至于陆羽离开龙盖寺后，智积便不再喝别人为他煮的茶，因为别人煮的茶都没有陆羽煮的茶合积公的口味。幼时的这段经历对陆羽的茶事业影响至深，它不仅培养了陆羽的煮茶技术，更重要的是激发了陆羽对茶的无限兴趣。

唐玄宗天宝五年（746 年），河南太守李齐物谪守竟陵，见羽而异之，抚背赞叹，亲授诗集。天宝十一年（752 年），礼部郎中崔国辅贬

唐鎏金飞鸿球路纹银笼子（1∶1复制品，弘益大学堂茶学院藏）

为竟陵司马，很赏识陆羽，相与交游三年。“交情至厚，谑笑永日。又相与较定茶、水之品……雅意高情，一时所尚。”[①] 成为文坛嘉话，并有酬酢歌诗合集流传。与崔国辅相与较定茶、水之品，是陆羽在茶方面才能与天赋的最初公开展现。崔国辅离开竟陵与陆羽分别时，以白驴乌犎一头、文槐书函一枚相赠[②]，其所作《今别离》一首疑为二人离别作[③]。李齐物的赏识及与崔国辅的交往，使陆羽得以跻身士流、闻名文坛。而陆羽在茶方面的特别才赋，亦随之逐渐为人关注和重视。

与崔国辅分别后，陆羽开始了个人游历，他首先在复州邻近地区游历。唐天宝十四年（755 年）安禄山叛乱时，陆羽在陕西，随即与北方移民一道渡江南迁，如其在自传中所说“秦人过江，予亦过江”。在南迁的过程中，陆羽随处考察了所过之地的茶事。唐至德二年（757 年），陆羽至无锡，游无锡山水，品惠山泉，结识时任无锡尉的皇甫冉。行至浙江湖州，与诗僧皎然结为缁素忘年之交，曾与之同居妙喜寺。唐乾元元年（758 年），陆羽寄居南京栖霞寺研究茶事。其间皇甫冉、皇甫曾兄弟数次来访。与其交往的皇甫冉、皇甫曾、皎然等写有多首

① 见（元）辛文房《唐才子传》卷二，南京，江苏古籍出版社，1987年，第33页。

② 据陆羽《陆文学自传》，（清）董诰等编《全唐文》卷四三三，上海古籍出版社，1990年，第1957页。

③ 《全唐诗》卷一一九录崔国辅《今别离》诗：“送别未能旋，相望连水口。船行欲映洲，几度急摇手。”中华书局，1999年，第1204页。

与陆羽外出采茶有关的诗[①]。上元初，陆羽隐居湖州，与释皎然、玄真子张志和等名人高士为友，“结庐于苕溪之湄，闭关对书，不杂非类，名僧高士，谈燕永日”。同时陆羽撰写了大量的著述，至唐上元辛丑年（二年，761 年）陆羽作自传一篇，后人题为《陆文学自传》。其中记叙至此时他已撰写众多著述，已作有《君臣契》三卷，《源解》三十卷，《江表四姓谱》八卷，《南北人物志》十卷，《吴兴历官记》三卷，《湖州刺史记》一卷，《茶经》三卷，《占梦》三卷等多种著述[②]。《茶经》是这些著述中唯一流传至今的著作[③]。

据现存资料及相关研究，《茶经》在唐代当有至少三种版本：① 758—761 年的《茶经》初稿本；② 764 年之后的《茶经》修改本；③ 775 年之后的《茶经》修改本[④]。而《茶经》在初稿撰成之后，即有流传，并产生影响。

《茶经》在 758—761 年完成初稿之后就广为流行，据成书于 8 世纪末的唐封演《封氏闻见记》卷六《饮茶》载：

楚人陆鸿渐为《茶论》，说茶之功效，并煎茶、炙茶之法，造茶具二十四事以都统笼贮之，远近倾慕，好事者家藏一副。有常伯熊者，又因鸿渐之论广润色之。于是茶道大行，王公朝士无不饮者。御史大夫李季卿宣慰江南，至临淮县馆，或言伯熊善茶者，李公请为之。伯熊著黄被衫、乌纱帽，手执茶器，口通茶名，区分指点，左右刮目。

---

① 如皇甫冉《送陆鸿渐栖霞寺采茶》：“采茶非采菉，远远上层崖。布叶春风暖，盈筐白日斜。旧知山寺路，时宿野人家。借问王孙草，何时泛椀花。”皇甫曾《送陆鸿渐山人采茶回》：“千峰待逋客，香茗复丛生。采摘知深处，烟霞羡独行。幽期山寺远，野饭石泉清。寂寂燃灯夜，相思一磬声。”皎然《访陆羽处士不遇》：“太湖东西路，吴主古山前。所思不可见，归鸿自翩翩。何山赏春茗，何处弄春泉。莫是沧浪子，悠悠一钓船。”分见《全唐诗》卷二四九、卷二一〇、卷八一六，第2800、2182、9275页。

② 据陆羽《陆文学自传》，（清）董诰等编《全唐文》卷四三三，上海古籍出版社，1990年，第1957页。

③ 本段及后文的部分内容据笔者《茶经校注·前言》，北京，中国农业出版社，2006年，第1-32页。

④ 按：唐代的《茶经》今皆已不得见。北宋陈师道曾见有四种《茶经》版本当为唐五代以来的旧钞或旧刻，北宋未知有刻印《茶经》者，但诸家书目皆有著录，至南宋咸淳九年（1273年），古鄮山人左圭编成并印行中国现存最早的丛书之一《百川学海》，其中收录了《茶经》，成为现存可见最早的《茶经》版本。

唐鎏金银龟盒

唐鎏金飞天仙鹤纹银茶罗子 | 鎏金十字折枝花葵口小银碟

（1 ：1 复制品，弘益大学堂茶学院藏）

唐鎏金飞天仙鹤纹银茶罗子（1∶1复制品，弘益大学堂茶学院藏）

茶熟，李公为饮两杯而止。既到江外，又言鸿渐能茶者，李公复请为之。鸿渐身衣野服，随茶具而入。既坐，教摊如伯熊故事，李公心鄙之，茶毕，命奴子取钱三十文酬煎茶博士。鸿渐游江介，通狎胜流，及此羞愧，复著《毁茶论》。[①]

御史大夫李季卿（？—767 年）宣慰江南，行次临淮县，常伯熊为之煮茶。而据新、旧《唐书》记载，李季卿行江南在唐代宗广德年间（763—764 年），则常伯熊得陆羽《茶经》而用其器习其艺当更在 764 年之前。表明《茶经》在 758—761 年完成初稿之后即已流传，北方的常伯熊就得而观之，因而润色并以其中所列器具区分指点行演茶事。

皎然等唐人诗文中，文学化地记录了陆羽《茶经》在当时的影响。皎然《饮茶歌送郑容》：“云山童子调金铛，楚人茶经虚得名。”[②] 用反语表现出当时陆羽《茶经》所负有的盛名；李中《赠谦明上人》：“新试茶经煎有兴，旧婴诗病舍终难。”《晋陵县夏日作》：“依经煎绿茗，

① 关于李季卿与陆羽相见之情形，后于封演的张又新《煎茶水记》所记则截然不同，张文言“李素熟陆名，有倾盖之欢”，且言李氏知道“陆君于茶，盖天下闻名矣”，又记陆羽神鉴南零水，并为李氏品第天下诸水事。二者所记，有天地之悬，内中缘由及实情，尚待发现更多材料深入探究。

② 《杼山集》卷七，《禅门逸书》初编，台北，明文书局1981年影印明末虞山毛氏汲古阁刊本，第72页。

唐鎏金摩羯鱼三足架银盐台（1∶1复制品，弘益大学堂茶学院藏）

入竹就清风。”[①] 表明当时人依照陆羽《茶经》煎茶修习茶事之况；僧齐己《咏茶十二韵》：“曾寻修事法，妙尽陆先生。”[②] 则称赞陆羽《茶经》穷尽了茶事的精妙。

宋人秦再思《纪异录》“饮必羽煎”[③] 记录了智积师父“知茶”之事，言其自陆羽离寺后就不再喝茶，从侧面反映了陆羽茶艺的高超水平：

积师以嗜茶，久非渐儿供侍不乡口，羽出游江湖四五载，积师绝于茶味。代宗召入内供奉，命宫人善茶者以饷，师一啜而罢。上疑其诈，私访羽召入。翌日，赐师斋，俾羽煎茗，喜动颜色一举而尽。使问之，师曰，此茶有若渐儿所为也。于是叹师知茶，出羽见之。

因为在茶学、茶艺方面的成就，陆羽在世时就为人奉为“茶神”“茶仙”。在与耿湋《连句多暇赠陆三山人》诗中，耿湋即称陆羽：“一

① 分见《全唐诗》卷七四七、七四九，第8596、8617页。

② 《全唐诗》卷八四三，第9588页。

③ 秦再思，生平不详，约宋真宗咸平中前后在世，作《洛中记异录》十卷，又称《纪异录》，记唐五代及宋初杂事，南宋初年曾慥《类说》节录此书，另有明人刻“宋人百家小说·偏录家”本。此条未见曾慥《类说》著录，而见于北宋宣和时人董逌所编《广川画跋》卷二《书陆羽点茶图后》。董逌政和（1111—1118年）年间官徽猷阁待制，宣和中以精于考据赏鉴擅名。

唐鎏金鸿雁纹银茶槽子
（1∶1复制品，弘益大学堂茶学院藏）

生为墨客，几世作茶仙。”[①] 元辛文房《唐才子传》称陆羽《茶经》“言茶之原、之法、之具，时号‘茶仙’”，此后“天下益知饮茶矣”。

李肇《唐国史补》成书于唐穆宗长庆年间（821—824 年），距陆羽去世不过 20 年，就已经记载当时人们已将陆羽作为“茶神”看待：“江南有驿吏以干事自任。典郡者初至，吏白曰：驿中已理，请一阅之……又一室署云茶库，诸茗毕贮。复有一神，问曰：何？曰：陆鸿渐也。”陆羽被人们视为茶业的行业神，经营茶叶的人们将陆羽像制成陶像，用来供奉和祈祀，以求茶叶生意的顺利：“巩县陶者多瓷偶人，号陆鸿渐，买数十茶器得一鸿渐，市人沽茗不利，辄灌注之。”[②]

探究陆羽与《茶经》在唐代有如上影响的原因，大抵有三。

一是陆羽在茶叶方面的努力与成就，这是《茶经》能够影响广大与深远的最根本原因。

① 《全唐诗》卷七八九，第8982页。

② 分见《唐国史补》卷下、卷中，上海古籍出版社，1979年版，第65、34页。

二是陆羽在文学等方面的成就与影响。时人权德舆《萧侍御喜陆太祝自信州移居洪州玉芝观诗序》中称陆羽“词艺卓异，为当时闻人”，所到之处都受到人们的热忱欢迎，“凡所至之邦，必千骑郊劳，五浆先馈”[①]。陆羽在文学以及学术方面的修养是多方面的，“百氏之典学，铺在手掌”[②]，在地志、历史、文学方面都有为人称道的修养与成就。陆羽同时人独孤及《慧山寺新泉记》记“竟陵陆羽，多识名山大川之名”[③]。李肇认为陆羽“有文学，多意思，耻一物不尽其妙，茶术尤著”。[④]

三是陆羽名士高友众多。“天下贤士大夫，半与之游。”[⑤]陆羽在少年时即得到竟陵太守李齐物的赏识，青年时与崔国辅交往三年，品茶论水，诗词唱和（有唱和诗集流传），“雅意高情，一时所尚”，文名、茶名初显。在江浙期间，更是高友众多，如以颜真卿为首的湖州文人高士群，还曾到浙东越州与鲍防的浙东文人群体有过接触。甚至平交王侯，如他在浙西、江西时的文友权德舆后来曾位至宰相。晚年，陆羽还曾在岭南使李复幕中[⑥]，与周愿等人为友[⑦]等。

可以说，正是陆羽的文名与茶名相互促动，使其与所撰经典之著《茶经》自唐代问世以来就一直有着巨大的影响。

宋人对陆羽《茶经》的重视与评价

宋人对《茶经》的重视，首先，表现在对《茶经》的多方征引。

自北宋初年乐史《太平寰宇记》起，宋代文人学者著书撰文，常

---

① 《全唐文》卷四九〇，第2216页。

② 周愿《三感说》，《全唐文》卷六二〇，第2772页。

③ 《全唐文》卷三八九，第1748页。

④ 《唐国史补》卷中，第34页。

⑤ 周愿《三感说》，《全唐文》卷六二〇，第2772页。

⑥ 唐段公路《北户录》卷二记：“贞元五年秋，番禺有海户犯盐禁者避罪于罗浮山，深入至第十三岭，遇巨竹……后献于刺史李复，复命陆子羽图而记之。”丛书集成初编本，商务印书馆，1936年版，第3021册，第34页。

⑦ 周愿《三感说》：“愿频岁与太子文学陆羽同佐公之幕，兄呼之。”《文苑英华》卷三七一。

见征引《茶经》内容。《太平寰宇记》记各地土产茶叶时，常引《茶经》内容，甚至有多处误将五代毛文锡《茶谱》引于《茶经》名下，从中亦可见《茶经》影响之大。北宋初年，两部大型官修类书，对陆羽及其《茶经》都有足够的重视，李昉等《太平御览》卷八六七《饮食部二十五·茗》中，照录了《茶经》卷上“一之源”和“三之造”的绝大部分内容；李昉等《太平广记》卷二〇一《好尚》目下，有《陆鸿渐》一条，记录陆羽好尚茶事。欧阳修《大明水记》《浮槎山水记》[1]二文论宜茶之水时，皆以陆羽《茶经》中所论为评水标准[2]。南宋朱熹讲禹贡地理有人问及三江、东南水势和“味别地脉”时，亦曾举陆羽之论为一大类：“禹治水，不知是要水有所归不为民害，还是只要辨味点茶，如陆羽之流，寻脉踏地，如后世风水之流耶！”[3]。

其次，表现在私家藏书以及官府藏书对于《茶经》的重视。

北宋文人私家藏有多种《茶经》版本，表明文人士夫对此书的重视。

据陈师道《茶经序》述其所见，北宋时至少可见有四个版本的《茶经》，当为唐五代以来的旧钞或旧刻，惜皆不可见。

“陆羽《茶经》，家传一卷，毕氏、王氏书三卷，张氏书四卷，内外书十有余卷。其文繁简不同，王、毕氏书繁杂，意其旧文；张氏书简明与家书合，而多脱误；家书近古，可考正。自七之事，其下亡。乃合三书以成之，录为二篇，藏于家。”[4]

不过，虽然北宋以降公私刻书大盛，但多为大型类书及官定史书等。北宋时，陆羽《茶经》未有见于刻印者。

南宋绍兴《秘书省续编到四库阙书目》是中国现存最早的国家书目之一，是秘书省访求秘阁阙藏图书的书目。内中有《茶经》，表明官府藏书对此书的重视。（北宋以崇文馆为首的四馆书目《崇文总目》卷六中有“《茶记》二卷（阙）”“钱侗以为《茶记》即《茶经》，

---

① 分见《欧阳修全集》卷六四、卷四〇，中华书局，2001年版，第944、583页。

② 南宋人黄震在其《黄氏日抄》卷六一中有言：“《浮槎山记》取陆羽《茶经》善论水……”文渊阁四库全书本，上海古籍出版社，1986年版，第708册，第514～515页。

③ （宋）黎靖德编《朱子语类》卷七十九《尚书二》，中华书局，1986年，第2025页。

④ 见《后山集》卷一一，文渊阁四库全书本，第511册。

法门寺研究文献

周中孚《郑堂读书记》也说是‘《茶经》三卷’的字误”[①]，如是，则其实《茶经》在北宋时即已入国家书目）

因为两宋文人与官府对藏书的重视，南宋时，坊间也开始刊印《茶经》。南宋咸淳刊《茶经》是现存最早的《茶经》版本。咸淳九年（1273年），古鄮山人左圭编成并印行中国现存最早的丛书之一《百川学海》，其中收录了《茶经》。它也是此后刊行的绝大多数《茶经》版本所据的原始版本。可以说它保存了《茶经》的原始火种，使陆羽《茶经》茶文化得以薪火相传。（两宋时期，中国的图书是中日间经济文化交流的重要内容之一，现在可见最早的百川学海本《茶经》，日本即有收藏[②]）

因为两宋众多文人士夫对陆羽《茶经》皆有推崇，自两宋起，陆羽《茶经》成为文人士大夫心目中茶事与茶文化的代表形象，成为重要的文学意象与文化符号。

---

① 万国鼎《茶书总目提要》，载《农业遗产研究集刊》第一册，中华书局，1958年版。

② 布目潮沨《中国茶书全集》收录有日本宫内厅藏百川学海本《茶经》，日本，汲古书院，1987年。

唐鎏金伎乐纹银香宝子
（1∶1复制品，弘益大学堂茶学院藏）

宋代，陆羽《茶经》成为文学创作中的一个重要意象，被视为茶事活动及茶文化的指归。读写《茶经》成为茶事文化活动的代名词，而续写《茶经》则成了文人们在参与茶事文化活动时心目中的一个理想。如林逋写建茶："世间绝品人难识，闲对茶经忆古人。"[①]辛弃疾的《六么令·用陆羽氏事，送玉山令陆隆德》："送君归后，细写茶经煮香雪。"[②]而苏轼在看了南屏谦师的点茶之后，作诗赞曰："东坡有意续茶经，会使老谦名不朽。"[③]在饮用虎跑泉水点试的茶汤之后，欲"更续茶经校奇品，山瓢留待羽仙尝"[④]。杨万里的《澹庵座上观显上人分茶》则谦逊地认为胡铨当去调理国事，分茶之类的茶文化活动则交给他自己："汉鼎难调要公理，策勋茗碗非公事。不如回施与寒儒，归续茶经传衲子。"[⑤]陆游亦有诗谓："续得茶经新绝笔，补成僧史可藏山。"

陆羽在江东称竟陵子，居越后号桑苎翁[⑥]，两宋文人们常以桑苎指陆羽，如李昴英的《满江红》："却坐间著得，煮茶桑苎。"[⑦]张炎的《风入松·酌惠山泉》："当时桑苎今何在。"[⑧]最为著者，是南宋陆游，他因与陆羽同姓，便将关心茶事视作"桑苎家风"。如《八十三吟》："桑苎家风君勿笑，他年犹得作茶神。"[⑨]

陆羽《茶经》影响了宋代茶文化与茶业的发展，使之达到农耕社会的鼎盛。对此，宋人即有明确的认知，宋欧阳修的《集古录》："后世言茶者必本陆鸿渐，盖为茶著书自其始也。"梅尧臣的《次韵永叔尝新茶》："自从陆羽生人间，人间相学事春茶。"[⑩]肯定了陆羽对一种全新的茶文化的发端作用。

---

① 《监郡吴殿丞惠以笔墨建茶各吟一绝以谢之·茶》，《全宋诗》卷一〇八，北京大学出版社，1991年，第1241页。

② 《全宋词》，中华书局，第三册，第1877页。

③ 苏轼《送南屏谦师》，《全宋诗》卷八一四，第9422页。

④ 苏轼《虎跑泉》，《全宋诗》卷八三一，第9622页。

⑤ 《诚斋集》卷二，四部丛刊初编本，上海商务印书馆。

⑥ 《唐国史补》卷中，第34页。

⑦ 《全宋词》，第四册，第2872页。

⑧ 《全宋词》，第五册，第3514页。

⑨ 钱仲联《剑南诗稿校注》卷七〇，上海古籍出版社，1985年，第3897页。

⑩ 梅尧臣《次韵和永叔尝新茶杂言》，《全宋诗》卷二五九，第3262页。

明清以来《茶经》的刊刻与流传

明清之际，陆羽《茶经》影响的一个重要表征，是《茶经》的多次刊刻印行，而且出现了众多的版刻形式。

现在可见明刊《茶经》约 26 种，值得注意的是出现了多种刊刻形式。有最初的递修重刻《百川学海》本，如无锡华氏《百川学海》本、莆田郑氏文宗堂《百川学海》本等，仍是丛书本。

明嘉靖二十一年（1542 年）的竟陵本首开《茶经》单行本之先河[①]，在《茶经》刊刻形式的变化中有着重大意义。此前可见的几种《茶经》版本，都是丛书中的。至此，出现了单刻本的形式——虽然其所本是《百川学海》本，但独立刊行，意味着人们对于《茶经》一书的特别看重，彰显了《茶经》的独立价值。

竟陵本在《茶经》刊刻内容方面的变化中也有着重大意义。此前的几种《百川学海》本《茶经》，都有内容相同的小注，为陆羽之原注，笔者将它们称为“初注”。而竟陵本在初注之外，出现了新增加的注，称之为“增注”。增注内容大致可分为以下几个方面：一是对传抄过程中出现的疑误字词的校订，二是新增加的注音和释义。这些都是对《茶经》版本的校勘和音义注释，可以说是对《茶经》进行的最早的研究。

① 中国国家图书馆有藏，然其书目称为明嘉靖二十二年本。

唐鎏金团花银碢轴（1∶1复制品，弘益大学堂茶学院藏）

鎏金人物画银坛子
（1∶1复制品，弘益大学堂茶学院藏）

而竟陵本与前几种《百川学海》本内容在正文部分的不同，也是现在进行《茶经》版本校勘的重要内容。

在《茶经》正文与注释之外，竟陵本增刻了相关附录内容，也是《茶经》刊刻在内容与形式方面的重大变化。一是前朝与时人为《茶经》所作的序；二是史书中的陆羽传记内容；三是主要与《茶经》五之煮论水内容有关的《水辨》；四是诗集，包括前朝名人与当朝竟陵名人，所写与陆羽、与《茶经》、与茶有关的诗作；五是与此番刊刻《茶经》有关的跋文。这些内容，既是对《茶经》与陆羽的研究，也是陆羽茶文化的主要内容组成部分，又成为后世研究陆羽茶文化的重要内容。

竟陵本影响所及，一是此后的明代刻本（除删节本外）皆有内容大致相同的增注，二是明万历年间及以后出现了七种《茶经》独立刊本。其中的一种郑熜校刻本，对日本翻刻《茶经》影响甚深。日本现今可见，至少有三种郑熜校刻本的翻刻本。

除增注、增刻本外，明代还出现了两种删节本《茶经》，即乐元声倚云阁本、王圻《稗史汇编》本，这也是一种比较有趣的现象，值得研究。

清朝以来，除陆羽乡邦竟陵所刻的两种独立刊本外，刊行的《茶经》都为丛书本，而且简单翻刻重印成为主流。特别是民国以后，由于珂罗版技术的使用，简单重印更是流行。

《茶经》在明清两代，还有一个显著的影响，就是对一些茶书体例的影响。如陈鉴的《虎丘茶经注补》、陆廷灿的《续茶经》，直接采用《茶经》一之源、二之具等篇目，增补内容。

据笔者的不完全统计，自南宋咸淳百川学海本《茶经》起，至20世纪中叶，现存传世《茶经》有约60多个版本，加上已经看不到的，不下70个版本，其中绝大部分刊行于明清两代。日本对《茶经》亦有多种收藏和翻刻。（参见文后所附《茶经》版本一览表）一直以来，除儒家经典与佛道经典外，没有什么其他著作像《茶经》这样被翻刻重印了如此众多的次数。从中我们既可见到茶业与茶文化的历史性繁荣，也可见到《茶经》的重大影响。

海外多种语言的《茶经》翻译

海外有多种语言文字的《茶经》译本，从这一现象中，也可以看到《茶经》的影响。据笔者的不完全了解，多年以来，特别是到20世纪下半

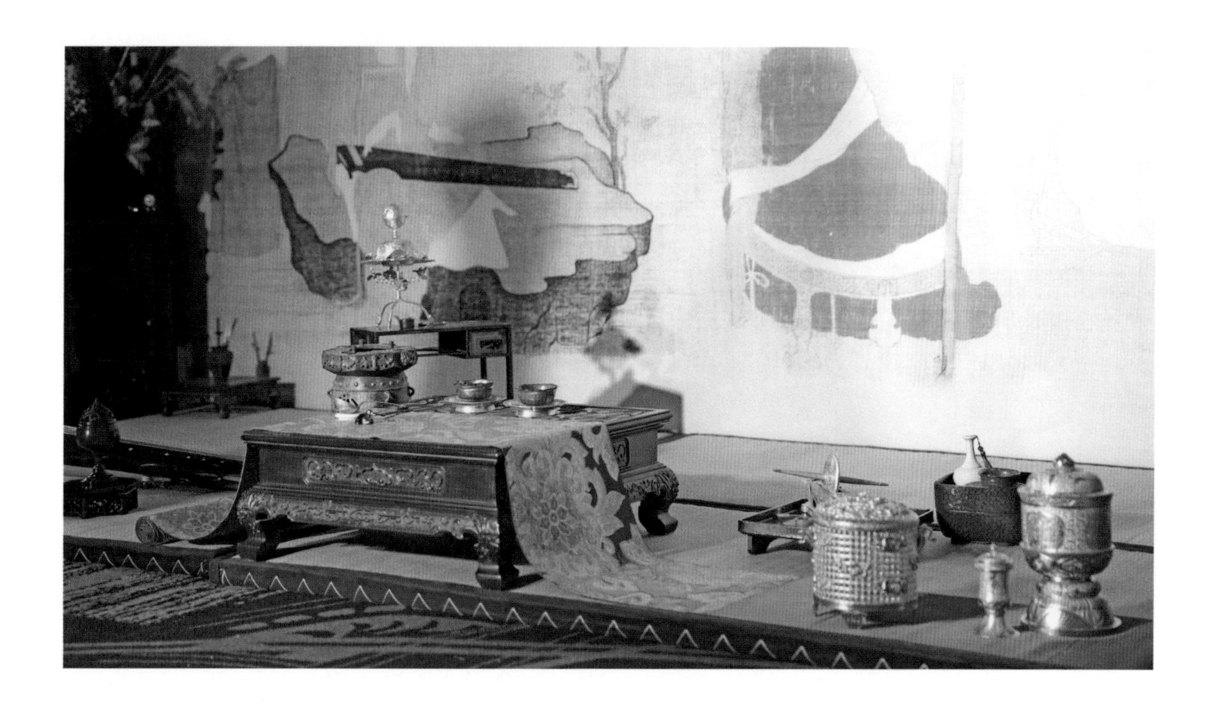

叶，海外共有日、韩、德、意、英、法、俄、捷克等多种文字的《茶经》版本刊行。这对于中国传统文化的经典来说，除儒家与道家的少量经典外，很少有个别经典有过如此众多的文字翻译印行流传。

多种文字版本中，日文本《茶经》版本最多。据日本学者统计，有1774年的大典禅师《茶经详说》本，20世纪的东京三笠书房刊《茶经》三卷本（1935年）、藤门崇白《茶经》、大内白月《茶经》、诸冈存《茶经评译》二卷（茶业组合中央会议所，1941年）、盛田嘉穗《茶经》（河原书店，1948年）、《茶道古典全集》译注本（淡交社，1957年）、青木正儿《中华茶书》本（春秋社，1962年）、福田宗位《中国的茶书》本（东京堂，1974年）、林左马卫《茶经》本（明德出版社，1974年）、布目潮沨《中国茶书》本，到21世纪初的布目潮沨《茶经详解》本（淡交社，2001年）。

英文译本亦有数种。最早的当系 *Britannica Encycropedia*（1928年）中的节译本[①]。William H. Ukers 所著 *All About Tea* 中的《茶经》虽亦系

① 据欧阳勋《〈茶经〉版本简表》，载氏著《陆羽研究》，武汉，湖北人民出版社，1989年，第120页。

节译本，但只有四之器、七之事、八之出的部分内容为节译和意译，而且文句典雅，颇为可取。而由美国 Francis Ross Carpenter 所译 *The Classic of Tea*（1974 年，1995 年）则为全译本。但学者评其为“非严谨学术之作”，为通俗水平译作，不过其中由 Demi Hitz 所绘的插图则颇为精彩独特。

韩国也有数种《茶经》韩文译本：徐廷柱译《茶经》（1980 年），金云学《韩国之茶文化》（1981 年）书中将陆羽《茶经》全书译成韩文；李圭正译《茶经》（1982 年），金明培《茶经译注》（1983 年）收录于氏著《韩国之茶书》，郑相九译《茶经精解》（1992 年）等。

此外有多种欧洲文字的《茶经》译本。其中法文《茶经》有两种，一是由 Jean Marie Vianney 翻译的 *Le Classique Du Thé*（1977 年，1981 年）；一是由 Véronique Chevaleyre 翻译、Vincent-Pierre Angouillant 插图的 *Le Cha jing ou Classique du thé*（2004 年）。意大利文本《茶经》，为意大利汉学家威尼斯大学东亚系教授马克·塞雷萨（Marco Ceresa）所译，*IL Canone Del Tè*（1990 年），条目清晰，引用书目史料繁多。德文

本《茶经》，*Das Klassische Buch vom Tee*（2002 年），系由中德学者 Dr. Jian Wang 和 Karl Schmeisser 共同翻译，其中部分内容特别是所附插图参详了现有的研究成果。还有由 Olga Lomová 所译的捷克文本《茶经》（2002 年），*Klasická Kniha o čaji*；亚历山大·加布耶夫（Александра Габуева）、尤莉亚·德列伊齐基斯（Юлии Дрейзис）译注的俄文本《茶经》（2007 年），Лу Юй: Канон чая； перевод с древнекитайского，введение и комментарии，等。

如此众多外文译本，表明《茶经》作为中国文化代表之一的影响之巨。

而进一步探究一下，还可以发现，《茶经》文本语言的国际化过程，与茶文化的世界化过程颇为吻合。日本《茶经》文本的众多，一是体现了中日茶文化交流的历史悠久与程度深厚；二是体现了“二战”以后，日本茶文化与产业的复兴过程中，陆羽《茶经》依然得到充分的重视。韩文本《茶经》集中出现于 20 世纪八九十年代，特别是 80 年代，与韩国经济文化的振兴同步。而欧美多种语言《茶经》在 20 世纪的陆续出现，正是茶饮与相关文化在世界逐步传播的过程的伴生物。William H. Ukers 所著 *All About Tea* 是其为当时所风行的茶饮与咖啡之饮所作研究的两部巨著之一。而此后陆续所出的《茶经》欧美文字译本，则是在 20 世纪下半叶以来，茶饮与文化交流乃至研究日渐扩大与深化之下，应运而生的。

海内外相关研究所见《茶经》的影响与意义

20世纪七八十年代以来，随着茶叶及茶饮经济总量增加的历史趋势，随着茶文化在中国大陆及中国台湾的渐次复苏，以及日本茶道文化在国际上的传播，海内外对于《茶经》的研究成果也日益增多。它们是陆羽《茶经》影响深入化的表现，现列举部分如下：邓乃朋《茶经注释》，张芳赐等《茶经浅译》，傅树勤、欧阳勋《陆羽茶经译注》，蔡嘉德、吕维新《茶经语译》，吴觉农《茶经述评》，周靖民《陆羽茶经校注》，林瑞萱《陆羽茶经讲座》，程启坤、杨招棣、姚国坤《陆羽茶经解读与点校》，布目潮沨《茶经详解》，沈冬梅《茶经校注》等。

特别值得提出的是中国台湾的张宏庸，他对陆羽与《茶经》方方面面的资料做了比较完整的搜集整理工作，已出版的有：《陆羽全集》是对于存世陆羽作品的辑校、《陆羽茶经丛刊》是对于《茶经》古代刊本的收录、《陆羽茶经译丛》是对于《茶经》外文译本的收录、《陆羽书录》的总目提要、《陆羽图录》的相关文物图录，以及《陆羽研究资料汇编》是对于陆羽相关史料文献的搜集整理[①]。

① 台北，茶学文学出版社，“陆羽丛书”六种，1985年版。

综览海内外的这些研究成果，有如下一些特点：

第一，作者专业日益广泛，涵盖了从茶学到历史、文化乃至医药等诸多学科的学者。

第二，研究内容全面丰富，从茶学，到文献学（版本校勘考订、释义和疑难探索）、历史、文化、社会、经济、茶叶地理、地方文化、茶医药等，无所不包，并且日益细致。

第三，研究方法和理念日益更新和丰富。

《茶经》对茶文化的影响

上述《茶经》版本与不同语言文字刊本的众多，关于陆羽《茶经》研究论著的众多，只是《茶经》影响的比较易见的表面现象。《茶经》的实质影响、表现在它对中国茶文化、中国文学，乃至中国传统文化的影响中。

很长一段时间以来，有不少人（甚至包括业内人士）因为不详细审读《茶经》，不了解《茶经》中有关茶道茶文化的论述，因而看轻中国茶文化水平，不认为中国有茶道。如果仔细研读《茶经》，可以看到茶道、茶文化几乎所有的元素都在《茶经》中提出了。

其一，《茶经》书名以“经”名茶，表明陆羽对茶有着“道”的追求。

陆羽是一个被遗弃的孤儿，为唐代名僧智积收养在龙盖寺。陆羽在寺院里学文识字，习诵佛经，还学会煮茶等事务。但他不愿皈依佛法、削发为僧，因而逃出龙盖寺，为维持生计到戏班里演戏、写戏，做了“伶人”。唐代法律规定包括伶人在内的“工商杂类”是不允许取得和士大夫一样的社会地位的[①]。所以陆羽的“伶人”经历对他想通过科举进入士大夫阶层的道路障碍很大。但不能通过科举入仕并未阻止陆羽对社会的关注，以及并未影响他要对社会有所作为的理想。

魏晋以降，门阀制度解体，原来主要存在于世家大族中的礼仪开始向帝王之礼和国家之礼转移。初唐至盛唐盛行制定礼仪的历史潮流，在开元盛世时期出生的陆羽自然深切地感受到了这一潮流。在无缘进入庙堂参与国家制度仪礼制定的情况下，陆羽撰著了以“经”名茶的《茶经》，用茶的品质、礼仪规范个人行为，希望给社会提供关于个人的行为之礼。

其二，茶之有道，首先是和人的美好品德修养联系在一起。

《茶经·一之源》中说“茶之为用，味至寒，为饮，最宜精行俭德之人”，首次把“品行”引入茶事之中。在《茶经》中，茶不是一种单纯的嗜好物品，茶的美好品质与品德美好之人相配，强调事茶之人的品格和思想情操，把饮茶看作“精行俭德”之人进行自我修养、锻炼志趣、陶冶情操的方法。

其三，陆羽《茶经》所体现的茶道包括如下几方面内容：

饮茶需用全套茶具。茶道艺与完整成套的茶器具是密不可分的。陆羽在《茶经》卷中《四之器》篇详细介绍了各种茶具的尺寸、材质、

---

① 唐高祖于武德二年（619年）颁布律令：“工商杂类，无预士伍。”（《资治通鉴》卷一九〇）而“杂户者，……元与工、乐不殊，俱是配隶之色。”（《唐律疏议》卷三《名例》）陆羽虽未入乐籍，但他曾在“伶党”处的经历似乎已经注定他不可能通过正常的科举途径进入士流。

功能甚至装饰，包括生火、煮茶、烤碾罗取茶、盛取盐、盛取水、饮用、清洁和陈设等八大方面，二十四组二十九件茶具。大者厚重如风炉，小者轻微如拂末、纸囊，无一不备。

在《茶经·九之略》的最后，陆羽又特别强调“城邑之中，王公之门，二十四器阙一，则茶废矣”。即在有庙堂背景的贵胄之家和文人士大夫集中生活的城市里，也就是在社会文化的重要承载者那里，二十四组二十九件茶具缺一不可，全套茶具一件都不能少，否则茶道艺就不存在了。

完整的煮饮茶程序。《茶经·五之煮》系统介绍了唐代末茶煮饮程序：炙茶→碾罗茶→炭火→择水→煮水→加盐加茶粉煮茶→育汤华→分茶入碗→热饮。同时强调，只有能解决饮茶过程中的“九难”：造茶、别茶、茶器、生火、用水、炙茶、末茶、煮茶、饮茶，即从采摘制造茶叶开始直至饮用的全部过程的所有问题，也即是若能按照

《茶经》所论述的规范去做，才能尽究饮茶的奥妙。

相关的思想理念。①匡时济世。陆羽在《茶经·四之器》中以自己所煮之茶自比伊尹治理国家所调之羹，表明了他对茶可以凭籍《茶经》跻入时世政治从而有助于匡时济世的向往与抱负。②社会和平。这体现在陆羽所设计的风炉上。风炉凡三足，一足之上书“圣唐灭胡明年铸”，表明陆羽对社会和平的向往。③和谐健体。风炉一足之上书“坎上巽下离于中”，一足之上书“体均五行去百疾”，五行相生均衡协调，表明通过茶对自然和谐、养身健体的追求。④讲求茶具与茶汤的相互协调映衬。陆羽在《茶经·四之器》中通过对茶碗的具体论述表达出来的对于器具与茶汤效果的协调与互相映衬的观念，可以说是择器的根本原则，对于现在的择器配茶、茶席茶会设计仍有指导意义。

其四，自然主义的关照。

陆羽在《茶经》中多处表达了他朴实的自然主义、实用主义思想。他认为茶叶“野者上，园者次”，造茶饮茶用具，多为木、竹、铁等质地。同时，无论是自然也好，还是朴实实用也好，都以不能损害茶味为前提，如煮水所用燃料，即不可随便，最为要用者是炭，“次用劲薪”。而“曾经燔炙，为膻腻所及”的炭材，与“膏木、败器”等都不可用，因为这些材料都会污染茶水之味。给现代人们的启示是：对茶叶的过度加工和对器具的过度追求，都是不必要的，它们或者会损害茶味品质甚至人体健康，或者会伤及事茶之人的“精行俭德”。

其五，诚实客观的态度。

陆羽在《茶经·一之源》中指出，茶叶对人体有好处，也可能产生危害。茶如人参，上等才有作用，一般的效用会降低一些，差的没有效用，假冒伪劣的则对人有损害。而在《茶经·八之出》中，对于熟悉者详细记之，不熟者则客观诚实地言以“未详”，再次体现了陆羽客观诚实的科学态度。

陆羽对茶叶客观诚实的态度，也是《茶经》茶道茶文化的体现之一，用现代的词语来说就是“科学主义”的态度与精神。他在大力宣扬茶的同时，对其中可能存在的问题绝不回避、绝不虚词掩饰，这对后人永远都有垂范作用。

纵观世界茶文化历史的发展，可以看到，陆羽《茶经》为后世包括中国在内的世界各地茶文化茶道艺的发展，提供了全面的蓝本。

历代评价所见《茶经》影响与意义

陆羽《茶经》是世界上第一部关于茶的专门著作，被奉为茶文化的经典，在茶文化史上占有无可比拟的重要地位。《茶经》在《新唐书·艺文志·小说类》《通志·艺文略·食货类》《郡斋读书志·农家类》《直斋书录解题·杂艺类》《宋史·艺文志·农家类》等书中，都有著录。

历来为《茶经》作序跋者很多，今可考者计有十七种：①唐皮日休序（实为皮氏《茶中杂咏》诗序，后世刻《茶经》者多迻为《茶经》序，今仍之）；②宋陈师道《茶经序》；③明嘉靖壬寅鲁彭《刻茶经叙》；④明嘉靖壬寅汪可立《茶经后叙》；⑤明嘉靖壬寅吴旦《茶经跋》；⑥明嘉靖童承叙跋；⑦明嘉靖童承叙《童内方与梦野论茶经书》（因其经常为刻《茶经》者列为后论，故也列入序跋内容）；⑧明嘉靖万历戊子陈文烛《茶经序》；⑨明万历戊子王寅《茶经序》；⑩明李维桢《茶经序》；⑪明张睿卿《茶经跋》；⑫明徐同气《茶经序》；⑬明乐元声《茶引》；⑭清徐篁《茶经跋》；⑮清曾元迈《茶经序》；

⑯民国常乐《重刻陆子茶经序》；⑰民国新明《茶经跋》。另有日本刊《茶经》序三种。

历代诸家序跋中，对陆羽及所著《茶经》多有高度的评价。例如：

唐末皮日休作《〈茶中杂咏〉序》即认为陆羽与《茶经》的贡献很大：“岂圣人之纯于用乎？草木之济人，取舍有时也。季疵始为三卷《茶经》，由是……命其煮饮之者，除痟而疠去，虽疾医之，不若也。其为利也，于人岂小哉！”

宋陈师道《茶经序》：“夫茶之著书自羽始，其用于世亦自羽始，羽诚有功于茶者也。上自宫省，下迨邑里，外及戎夷蛮狄，宾祀燕享，预陈于前，山泽以成市，商贾以起家，又有功于人者也，可谓智矣。”

明陈文烛在《茶经序》中甚至以为：“人莫不饮食也，鲜能知味也。稷树艺五谷而天下知食，羽辨水煮茗而天下知饮，羽之功不在稷下，虽与稷并祠可也。”

而明童承叙在《陆羽赞》中则认为陆羽：“惟甘茗荈，味辨淄渑，清风雅趣，脍炙古今。”

明徐同气《茶经序》认为：“经者，以言乎其常也……凡经者，可例百世，而不可绳一时者也……《茶经》则杂于方技，迫于物理，肆而不厌，傲而不忤，陆子终古以此显，足矣。”

从中可见陆羽《茶经》历史影响的深刻与悠远。

总的来说，陆羽《茶经》不仅“诚有功于”中国茶业与茶文化，乃至中国社会文化传统，还影响到了世界其他地区的茶业与文化。日本的茶道、韩国的茶礼，近年在东亚及南亚许多地区盛行、流风余韵波及北美及欧陆的茶文化，都是在陆羽及其《茶经》的影响下，渐次发生的文化交流与传播。而茶叶成为世界三大非酒精饮料之一的成就，也离不开陆羽《茶经》的肇始之功。

［原刊《形象史学研究（2012）》，人民出版社 2012 年 11 月版］

中华煎茶道源流

马守仁

号南山如济、煎茶翁，冷香斋主人，千竹庵主人，茶禅文化研究学者，南山流茶道宗主。担任中华茶道文化研究会（HK）会长，东亚茶道研究院（kyoto）院长。多年来致力于茶禅文化研究和中华茶道文化复兴，先后修建了终南山如济居、千竹庵两处草庵茶室，在国内设立『五山十刹』茶道文化传习所，在日本京都修筑东茶院茶道教室。

煎茶道缘起

在人类茶道文化史上，出现过两种茶叶烹饮方式：一种是煎茶法，一种是泡茶法。大家通常见到的玻璃杯冲泡法、盖碗冲泡法、紫砂壶冲泡法等，都属于泡茶法。流行于潮汕地区的工夫茶法、中国台湾的小壶泡茶法，也属于泡茶法。至于日本茶道，是从宋代禅宗寺院传过去的，从宋代点茶法演化而来，也属于泡茶法。那么日本煎茶道呢？告诉大家：日本现在的煎茶道流派，均属于泡茶法，是明清时期泡茶法的日本化，与我国唐宋时期的煎茶法并没有多大关系。

煎茶法

煎茶法出现于唐代初期。所谓烹，就是将茶叶——无论叶茶或末茶，与水相交融的一种方式（可以是冷水，也可以是热水）；可以先投放茶叶后注水，也可以先注水后投放茶叶。烹是一个统称，

马守仁老师在弘益大学堂授课

包括煮、煎、瀹、泡等方法。我们现在使用“烹”这个字的时候，是指汉字本意。譬如现在我们经常说到熏香、印香、焚香、隔火熏香，在古代其实都有一个统称的词：烧香。饮茶，现在俗称喝茶，古代则称吃茶或饮茶，饮茶也是一个统称。茶叶烹饮方式经历了一个漫长的发展过程，最早是煮茶法，然后是煎茶法。使茶叶烹饮上升到一个艺术的甚至人文精神的层面，煎茶道就出现了。

煮茶法

西汉至六朝时期盛行的煮茶法，属于民间的一种茶叶烹饮方式，至今在我国一些少数民族地区依然有所保留。譬如擂茶、烤茶、罐罐茶等，就属于煮茶法的历史遗存。而煎茶法则是初唐时期由禅僧和文士共同“创制”的一种茶叶烹饮方式，更加规范和雅致，促使茶叶烹饮提升到一个精神甚至禅修的层面。

古代煮茶法可分为两种：鲜叶煮饮法和茶饼煮饮法。鲜叶煮饮法

《卖茶翁茶器图》弘益大学堂善意美术馆馆藏

有些类似于今天煮菜羹的方法，就是将新鲜茶叶采摘后直接投放到沸水中煮，再加入佐料和调味品，如茱萸、薄荷、陈皮、花椒、食盐、葱、姜以及香叶等，想来滋味也是很不错的。茶饼煮饮法首先要将茶饼炙烤过，然后捣碎，碾磨成茶米，煎煮时也要加入佐料和调味品。这也称作“茗粥”，是说将茶米像粥一样来熬煮。

如今在我国的一些地区，依然有吃早茶、油茶、茶汤面的习俗。这些所谓的早茶、油茶、茶汤面可以说已经完全看不到“茶”的踪迹，但名称却被保留下来，这应该就是古代煎茶法在民间的遗存。在云南少数民族地区，也保留了一些古老的茶叶烹饮方式。譬如白族的烤茶，很有可能就是古代煮茶法的遗存，值得我们进一步挖掘和整理。

煎茶法缘起

关于煎茶法，目前看到的最初记载是唐朝文士封演的《封氏闻见记》，其中记载说：

“开元中，泰山灵岩寺有降魔师大兴禅教，学禅务于不寐，又不夕食。皆许其饮茶。人自怀挟，到处煮饮。从此转相仿效，遂成风俗。”

唐朝民间煮茶时要加入茱萸、薄荷、橘皮、花椒、食盐、葱、姜和香叶等佐料和调味品。禅寺煎茶则比较简单，只用姜和盐来调味，煎煮片刻就可以了。每到坐禅的时候，禅僧们每人怀挟茶囊，煮茶饮茶，从此转相效仿，渐渐形成一种煎茶风俗。“自邹、齐、沧、棣，渐至京邑城市，多开店铺，煎茶卖之，不问道俗，投钱取饮。”（《封氏闻见记》）这段文字提到了“煎茶卖之”，说明从最初的煮茶，经过禅寺僧人的改进，出现了比较讲究的煎茶法了。这种煎茶、方法也影响到周边民众的饮食习惯，出现了许多煎茶店铺，以煎茶、卖茶为生。

据现存史料记载，降魔藏禅师是河北邯郸人，俗姓王，父亲在安徽亳州为官，所以他从小就生活在亳州谯县。降魔藏禅师七岁出家，降魔是他出家前——也就是七岁的时候就有的名号。据说当时亳州谯县这个地方有很多妖魔鬼怪，他能够降服，所以就有了这样一个名号。降魔是他的号，藏是他出家后的法名。他出家以后大概五十岁的时候，去参访当时禅宗的一位大德——神秀禅师，经过了和神秀禅师的一番对答。而后他来到泰山灵岩寺一带，弘扬神秀禅师的北宗禅法，并将当时社会上流行的煎茶法引入禅寺僧众的修行生活中，煎茶法由此确立。后来，百丈怀海禅师制定禅寺清规，煎茶礼仪以清规的方式被写进《百丈清规》，成为天下准则，对唐代煎茶道的确立起到了巨大的推动和弘扬作用。

煎茶道确立

“茶道”这两个字在中唐时期就已经确立，第一个提出的是皎然禅师。皎然禅师《饮茶歌诮崔石使君》：“孰知茶道全而真，惟有丹丘得如此。”第二个提出的是封演，《封氏闻见记》里记载：“楚人陆鸿渐为《茶论》，说茶之功效，并煎茶、炙茶之法，造茶具二十四事以都统笼贮之。远近倾慕，好事者家藏一副。有常伯熊者，又因鸿渐之论广润色之。于是茶道大行，王公朝士无不饮者。”这不仅提到了“茶道”这两个字，还提到了陆羽的《茶经》。

降魔藏禅师去世约五六十年后，陆羽出生了。在陆羽这个时代，因为有降魔禅师的创建，有百丈怀海禅师、皎然禅师的推广，煎茶风气已经很兴盛，煎茶法也很普及。陆羽对当时社会上流行的煎茶法进行总结，写出了世界上第一部茶文化专著《茶经》。

从现存版本内容分析，陆羽《茶经》十篇，其实就是对唐代煎茶过程的完整记述，从种茶、采茶、蒸青（即蒸气杀青）、捣茶、焙茶、藏茶、煎水、炙茶、碾茶、磨茶、罗茶、煎茶、分茶、饮茶等，都做了详细记录。《茶经》四之器、五之煮、六之饮这些章节，讲的就是唐代煎茶法的全部过程。过去这一百多年来，人们仅仅认为陆羽《茶经》是中华茶文化最早的一部结集著作，是一部茶道圣典，并把陆羽奉为“茶圣”，却不知陆羽《茶经》其实也是煎茶道的一部圣典，是唐代煎茶法的完整记录。

煎茶道器具

古语说得好：“工欲善其事，必先利其器。”学习中华煎茶道，除练习正坐、折叠茶巾、抹拭茶碗、茶则、掌握煎茶方法外，阅读历代茶经茶谱也很重要。陆羽《茶经·四之器》提到煎茶器具，下面我们逐一进行介绍。

风炉，是用来燃炭起火、煎水煮茶的器具。在古代，用铜、铁、陶瓷或者石料来制作，也有用纯银或者黄金打造的。现代社会随着科技发展，我们有了电炉、电陶炉、微波炉等，使用起来更便利。

筥，就是用来贮放木炭的竹筐，用竹编或木制提篮也可以。

火筴，火筴就是火钳，铁筷子、铜筷子均可，用来夹炭。

炭挝，炭挝实际上就是榔头，用来把大块的木炭敲碎。《茶经》

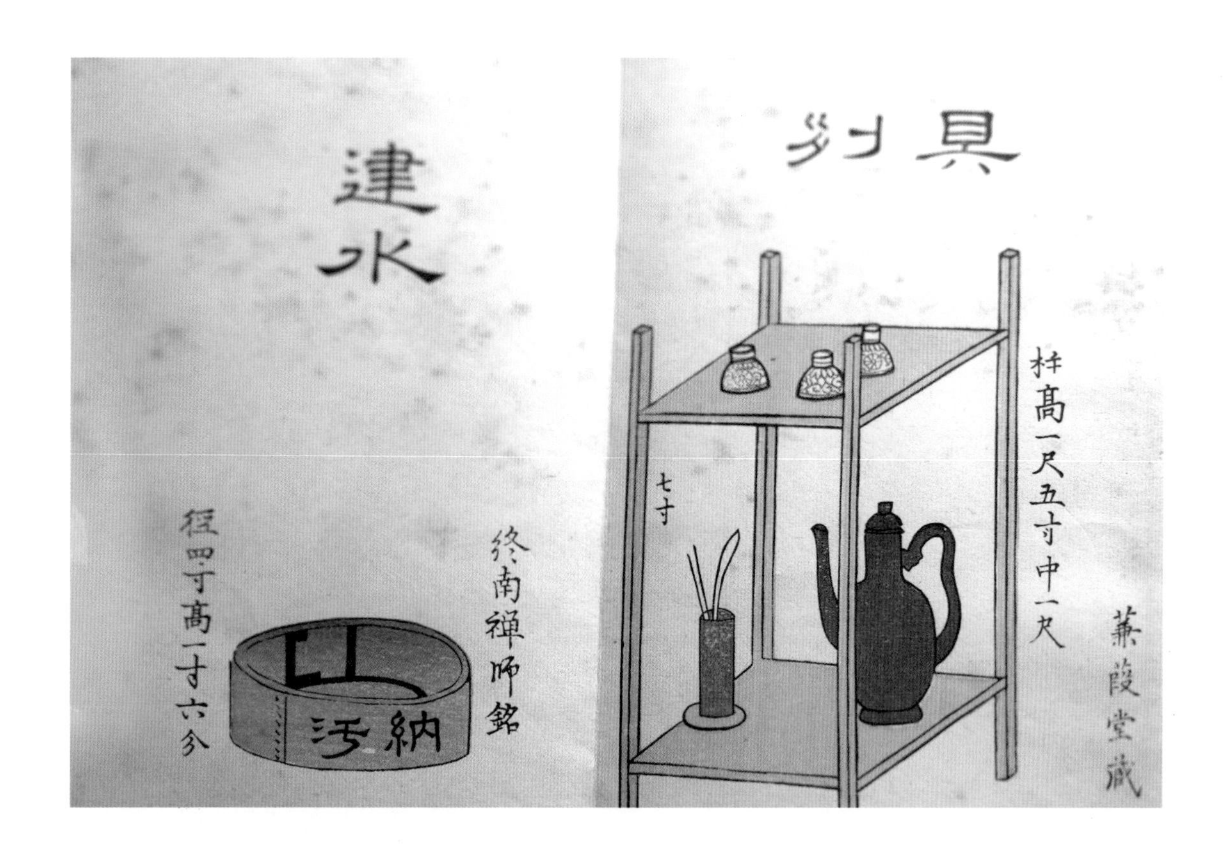

里面讲“或作锤，或作斧”，就是这个意思。

鍑，俗称釜，铸铁而成。“鍑”这个字很奇怪，陆羽没有用通常的“釜”，可能是为了和煮茶法相区别，所以用了“鍑”这个生僻字。唐宋时煎茶还会用到鼎，三足煮茶器，大多是指鍑或者铛子。鼎只是个代称，经常出现在古人诗词里。

茶铫子，以银铫子最好，其次是砂铫，然后是瓷铫，再然后是铁铫，最差的是铜铫。陆羽《茶经》里面提到铁器耐用，银器太奢侈，所以砂铫为首选。

交床，用来支撑铁鍑的木座，可以用实木来做，呈十字形，用来放置茶鍑。因为铁鍑的底是尖的，有“脐”，加热后容易烫手，需要用交床支撑起来。

纸囊，陆羽《茶经》里纸囊是用来贮放炙烤过的茶饼的，以防止茶香外泄。《茶经》里说：“纸囊，以剡藤纸白厚者夹缝之。”纸囊要白而厚，还要坚韧，也可以选择厚一些的宣纸来代替。

夹，是用来夹茶饼的，最简单的就是两根竹枝，把茶饼夹起来放到炭炉上炙烤。

茶碾，是用来碾茶的，以石碾为佳。《茶经》里说的是木碾子，“以橘木为之”。“橘生南方则为橘，橘生北方则为枳”，《茶经》里说的是南方的茶碾子。木碾轻便，好携带。但实际上唐朝都用石碾子，

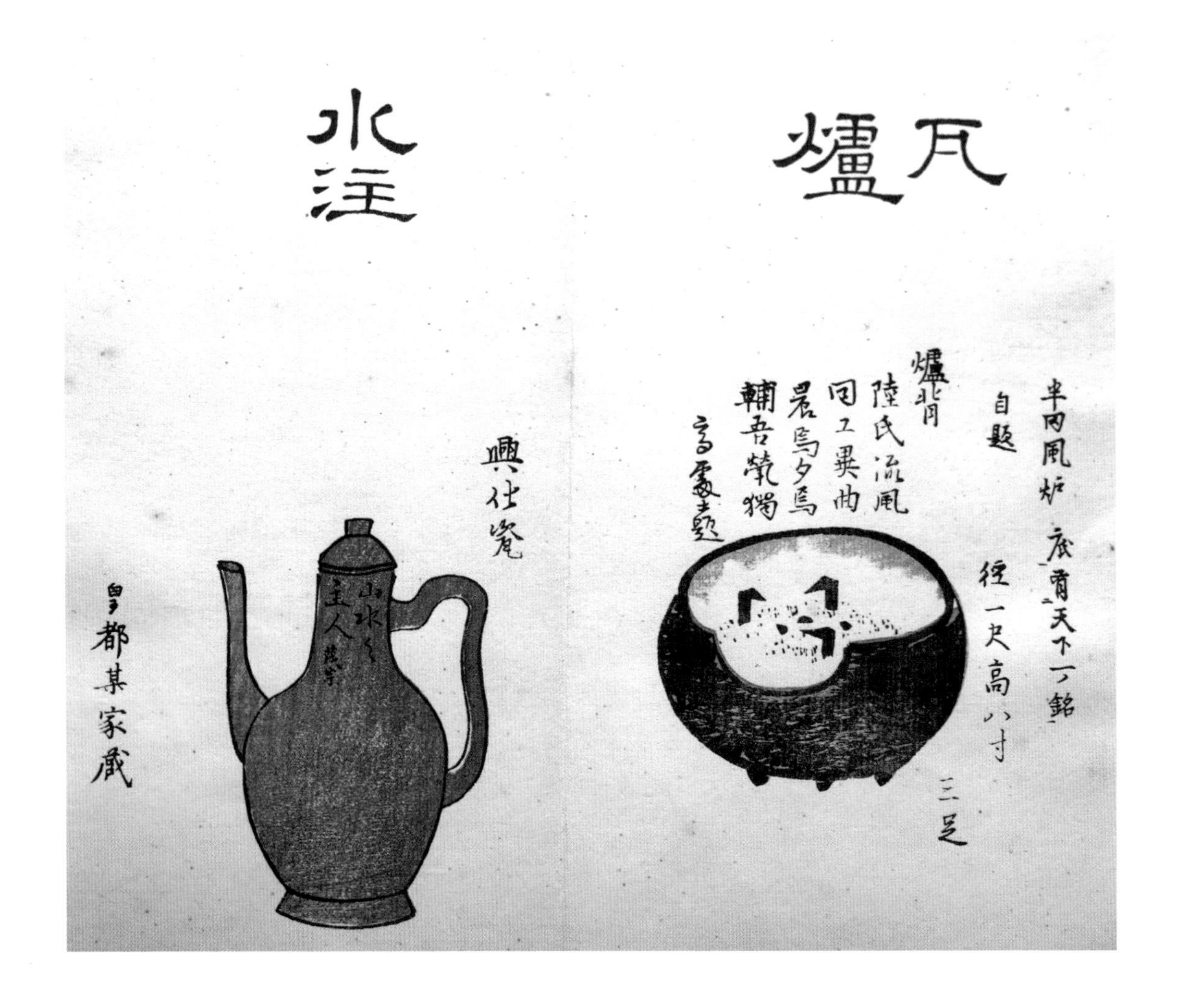

木碾子很少用。“次以梨、桑、桐、柘为臼。”碾茶时要先将茶饼用茶臼捣碎，以梨、桑、桐、柘的木臼为主。

石磨，宋朝碾茶用石磨，唐朝则很少用，都用石碾。

罗合，用来贮放末茶的，茶末过箩后装起来，我们现在用茶罐就可以了。

则，用来量准茶末，现在也称茶合，是茶则流传日本后的叫法，中国台湾则称作茶荷，以示区分。我们统一称作茶则，以示对陆羽《茶经》的尊重。茶则可以用竹木类制作，也可以用贝壳之类的材料，没有茶则就没法量茶，所以茶则也称作茶量。

水缶，也称水罂、水罐，用来贮放清水，煎水时将清水添加到茶釜、茶瓶或砂铫中。一般用瓷器或陶器，也可用木质缶，有盖，防止灰尘进入。

水方，就是我们上面提到的水缶，也称水罂，用来存放清水。水方以木制品最佳，我们现在都用陶瓷的，因为木质水方在北方容易裂掉，不如陶瓷制品耐用。

瓢，也叫水瓢，用来舀水，瓠瓢最佳。苏轼《汲江煎茶》里说：“大瓢贮月归春瓮，小杓分江入夜瓶。”所以瓢用葫芦来制作。也可以用竹杓、椰壳杓代替。

清水罐，也叫水注，又称注子，用来储存清水，添加到水缶里。以瓷器、陶器为佳，有提系。

竹筴，用来搅动茶汤。陆羽《茶经》里说：“竹筴，或以桃、柳、蒲、葵木为之，或以柿心木为之，长一尺，银裹两头。”“第二沸，出水一瓢，以竹筴环激汤心，则量末当中心而下。”当茶末投入茶釜的那一刻，要用竹筴迅速搅动，以出现更多沫饽。（竹筴这件器具已经失传很久了，我们要复兴唐代煎茶法，就一定要将相关器具恢复起来。譬如竹筴这样的器具，其实很简单，很容易制作，不但适用，而且很精美）

鹾簋，其实就是盐台，俗称盐罐子，都是日常用的东西，只是取了“鹾簋”这样一个文雅的名字。“鹾”是盐的别称，“簋”是周代的礼器，鹾簋就是盛放食盐的器具，因为用于煎茶道，这样的称谓就有了礼仪的性质。盐台里还有一件茶器揭，其实就是盐勺子，可以用竹制品，也可以用陶瓷小勺。

茶碗，陆羽《茶经》里记载：“碗，越州上，鼎州次，婺州次，岳州次，寿州、洪州次。”煎茶法也好，点茶法也好，都要用茶碗，所以古人讲到饮茶，常用碗、盏、瓯作为量器。

熟盂，用来盛放熟水的器具。陆羽《茶经》说：“熟盂以贮熟水，或瓷或沙，受二升。”其实就是小钵盂，用来贮放熟水，止沸用。熟水就是烧沸的水，这里指一沸水。

畚（běn），这件器具现在已经不多见了。陆羽《茶经》说：“畚以白蒲卷而编之，可贮碗十枚。或用筥，其纸帕以剡纸夹缝令方，亦十只也。”畚就是用藤或竹编的一个扁扁的篮子，上面有提系，里面贮放茶碗。也可用筥，就是贮放茶碗的竹筐。贮放茶碗还要用纸帕，以免破损。

札（zhá），陆羽《茶经》说：“札，缉栟榈皮以茱萸木夹而缚之。或截竹束而管之，若巨笔形。”其实就是竹帚或者棕刷，用来清洗茶道用器，也是宋代茶筅的最初形制。

涤方，“涤方以贮涤洗之余，用楸木合之，制如水方，受八升。”涤方，就是用来洗涤茶器的器具，古代用木质的，我们现在都用大一些的陶瓷容器来代替。

滓方，俗称残水盂，用来储存残水的，把所有的残水茶渣倒进去，可以使用木质的，我们现在都用陶瓷制品来代替。

茶巾，“巾，以絁（shī）布为之。长一尺，作二枚互用之，以洁诸器。”我们在煎茶时通常要准备两块巾，一块叫茶巾，一块叫拭巾，均折叠整齐，放在茶巾筒里。

茶架子、茶床、茶台子，是中华煎茶道最基本的三件器具。茶台子也称茶几（日本茶道中的茶台子则是指茶棚）。几，这件器具，在春秋战国时就已经出现了。茶床、茶架子在陆羽《茶经》里有个总名称，叫作具列。《茶经·四之器》说：“具列，或作床，或作架，或纯木纯竹而制之。黄黑可扃而漆者，长三尺，阔二尺，高六寸。具列者，悉敛诸器物，悉以陈列也。”

都篮，容纳所有煎茶器具的容器，其实就是大号竹编提篮。

漉水囊，现在已经很少用了，是用来过滤清水的滤水器。

以上就是陆羽《茶经》里所提到的“二十四器”的简要介绍，读来很烦琐，其实都很简单，都是从日常生活中来的，属于生活必需品。我们学习煎茶道，首先要读懂陆羽《茶经》，这样对于《茶经》里罗列的二十四件茶器就容易理解了。

当代茶人煎茶场景

唐代煎茶道

煎茶道诞生于我国初唐时期，具体可以追溯到降魔藏禅师。降魔藏禅师首次将当时京城长安、洛阳及南方的煮茶方式带到泰山灵岩寺。随着北宗禅法的传播，煎茶法也同时传播开来。

历史上的煎茶法已经消亡，泡茶法依然流行。我们今天重新提倡煎茶法，绝不仅仅是复兴一种茶叶烹饮方式，更重要的是复兴中华传统文化，复兴自唐宋以来的人文精神，这个才是重心。经过一千多年的世事沧桑，煎茶道早已物是人非。复兴中华传统文化，复兴煎茶道，虽然有难度，但是典籍尚在，煎茶的精神尚在，这些都为我们重拾煎茶道增添了信心。

西汉至六朝时期的煮茶法，也称“茗粥”，属于民间的一种茶叶烹饮方式，至今在少数民族地区依然可以看到，像擂茶、烤茶、罐罐茶，就属于煮茶法的历史遗存。唐代初期仍然盛行煮茶法。《茶经·六之饮》记载说：“饮有粗茶、散茶、末茶、饼茶，乃斫、乃熬、乃炀（ á ）、乃舂，贮于瓶缶之中，以汤沃焉，谓之痷茶。”粗茶，

是品质粗劣的茶；散茶，指叶茶；末茶，已经磨碎的茶；饼茶，压制成饼的茶。这四类茶在隋唐之前就有，所以陆羽在这里将之并列在一起。粗茶要切碎，散茶、末茶要放进釜中炒过、焙干，饼茶要用炭火炙烤后捣成茶末。然后，将茶末投入瓶、缶之中，冲入沸水浸泡，称之为“痷茶”。痷，就是用沸水冲泡的意思。这是民间一种简单的茶叶冲泡方式和煮茶法并行于世。“或用葱、姜、枣、橘皮、茱萸、薄荷等，煮之百沸，或扬令滑，或煮去沫，斯沟渠间弃水耳，而习俗不已。”煮茶的时候放入葱、姜、枣、橘皮等佐料，与茶一起煮沸，或者扬汤以求甘滑，或者煮去汤面浮沫。陆羽认为这样煮出的茶汤如同倾倒在沟渠里的污水，是不堪饮用的。

唐代煎茶法是从民间煮茶法改进而来的，但两者却有着明显区别。在煮茶法里，无论是新鲜茶叶还是茶饼，也无论是散茶、粗茶还是末茶，碾碎后直接放在茶釜里煮，还可以加入葱、姜、枣、橘皮、薄荷等佐料，并调盐味。出家僧侣则不加葱、韭之类，只用生姜和盐调味，据说这是大乘佛教所特许的。《茶经·六之饮》说：“煮之百沸，或扬令滑。”

煮的时间较长，以滋味甘滑为好。而在煎茶法里，一般情况下只用茶饼，偶尔也会用到散茶，炙烤碾碎后备用。煎水的时候不能过三沸，煎茶时间很短。

具体而言，煎茶法和煮茶法的区别有以下四点：首先，煮茶法用散茶、粗茶、末茶、饼茶皆可，比较宽泛，而煎茶法用茶一般是饼茶或末茶，已很讲究。其次，煮茶法并不注重煎水，甚至冷水、热水皆可；煎茶法特别注重煎水，有一沸水、二沸水、三沸水的区别。再次，煎茶法于一沸水时投茶，并用竹筴环击茶汤；三沸时止沸育华；煮茶法则须经较长时间的熬煮，“煮之百沸，或扬令滑”。最后，也是最重要的区别：煎茶法一般只加盐花调味，如果是清饮法，则不用调盐花；煮茶法则要用盐调味，并加入葱、姜、枣、橘皮等佐料，如同煮菜汤一样。

经常有人问我煮茶法和煎茶法到底有什么区别，以上所述就是区别。煮茶，不讲究，时间长，投放的佐料多；煎茶，重在煎水，时间短，只加盐或姜调味。宋人苏辙曾写过一首《和子瞻煎茶》的诗，其中说道：“相传煎茶只煎水，茶性犹存偏有味。”苏轼写过一首《试院煎茶》的诗，苏辙这首是和诗。煎茶时重在煎水，从一沸水到二沸水，时间大约有半分钟；从二沸水到三沸水，不足半分钟。至于投茶、煎茶、止沸育华等步骤，因为时间短促，就不过分强调了。所以苏辙才说“相传煎茶只煎水”，明朝诗人蔡元履《茶事咏》写道：“煎水不煎茶，水高发茶味。大都瓶杓间，要有山林气。”都是说煎水的重要性。

唐代茶人李约，能亲自涤器煎茶，他总结煎茶经验说：“茶须缓火炙，活火煎，汤不可妄沸。”（赵璘《因话录》）茶饼在煎煮之前，要用小青竹夹着在炭火上炙烤，火不能太烈，以缓火炙烤为佳。活火，是指有火焰的炭火，这样的火煎水最好。不但火要活，水也要活。“汤不可妄沸”，水不能超过三沸，超过三沸以后水就老了，煎的茶汤就不能喝了。一沸水时调盐花，二沸时投茶末，近三沸时止沸育华，茶就煎好了。煎茶时间很短，从二沸水到三沸水，不到半分钟时间。所以煎茶法很难，水稍微一过，就老了，这一锅茶汤就作废了。

唐代煎茶法是主流，特别是初唐时期经过降魔藏禅师的提倡弘扬，再经过陆羽《茶经》的推广，更加规范化和雅致化。自中唐以后，煎茶法已经取代煮茶法，成为唐代茶文化的主流。

李拂一与佛海茶业

唐婉约
弘益茶道美学研究员。

家世

李拂一先生，原名李承阳，字复一。“拂一”是他的笔名。学界对李拂一先生的认知主要是他在傣学研究领域的成就。他投身西双版纳方志史料的整编，为后人留下许多珍贵的研究资料，是海内外以科学观点研究十二版纳第一人。

李拂一先生出生书香世家，家学渊源深厚。清朝末年，李父瑞应公由桂林宦游到云南，任普思地区电报局委员等职。1901 年，李拂一先生在普洱府出生，自孩提时期就受到良好的私塾教育和家庭熏养。不幸，李父在 1909 年染瘴病故，次年李母又离世。家庭变故后，李拂一先生可谓“苦其心志”，随后又遇亲戚不淑，将李父生前的存银挥霍一空，使他与弟妹的生活陷入困境。

好在天无绝人之路，时任思茅电报局局长的杨炳光先生和报务员秦瑞五先生联名电告昆明云贵邮电管理局监督吴询，力诉瑞应公献身滇西南电政之劳绩，为李拂一先生在思茅电报局谋得一个职务。而李先生当时就读的道立中学也给予通融，允许他半工半读到毕业。

李拂一先生虽遇家道中落，但在当地仍被视为世家子弟。在电报局任职期间，他业务能力突出，工作之余手不释卷，深得普思沿边行

李拂一先生（左二）与友人合影

政总局长柯树勋的爱赏，加之柯公恰又与其堂叔瑞清翰林略有故交，遂将长女柯祥凤许配给他。婚后两年，李拂一先生辞去电报局工作，到柯公属下就职，大力辅佐柯公理政。

茶庄与“联贸”

云南十二版纳自古为重要的茶叶产地，原是车里宣慰司的辖区。清雍正七年（1729 年）改土归流后，澜沧江以东的六大版纳划归普洱府。普洱茶业在政治属性、管理机制、购销形式、制造工艺等领域都发生了基本转型。但澜沧江以西的六大版纳仍在车里宣慰司的自治范围之内，汉人很难入境经商。

1913 年，云南总督府在车里（景洪）设普思沿边行政总局，管理车里宣慰司以及十二版纳各猛土司，柯树勋任总局长。柯公对澜沧江以西的六大版纳进行实质性的改土归流。他大力疏通驿道、整修渡口，为发展版纳经济创造条件。这期间，佛海（勐海）的茶贸活动也逐渐繁荣起来。

茶贸地位的崛起，吸引了云南各大茶商聚集佛海。1923—1938 年，

民国时期藏族人民茶会——
弘益大学堂中国茶书房馆藏

佛海已有二十多家茶庄，成为澜沧江西岸最大的茶叶加工和出口基地。1923 年，李拂一先生偕同家人定居佛海。1930 年，他和夫人开办了“复兴茶庄”。李夫人性情宽厚，许多茶农妇人都愿意把茶叶卖给她。当时，佛海地区主要生产蘑菇头紧茶。这种紧茶价格便宜，运储方便，在西藏地区颇有市场。为了扩大生产，李先生又申请了百余亩茶山。那时，“复兴茶庄”生产的紧茶，年产量可达二三百担（1 担 =50 千克）。

除了自办茶庄，李拂一先生还调动各方资源助兴佛海茶业。他曾任佛海富滇银行经理，懂得融资对茶业发展的重要性。故而，他行至省府昆明，努力与有关金融机构协商到佛海筹办分理机构。1931—1948 年，“兴文银行办事处”“富滇银行佛海分行”“佛海县合作基金会”“车佛南联合银行”等金融机构相继成立。由于李先生的引资助力，佛海的茶业得以迅速发展。

范和钧和吴觉农编著的《中国茶业问题》——弘益大学堂中国茶书房馆藏

佛海的茶叶产量逐年可观，销售市场成了各大茶庄面临的最大问题。如果照旧把茶叶从佛海运至思普地区，再转运各地销售，这种运输方式成本过高。于是，李拂一先生与周文卿先生等协商筹划打通东南亚茶叶销路。为此，李先生亲临缅甸仰光、泰国曼谷、马来西亚、新加坡、印度加尔各答等地，再绕道越南西贡，经河口抵达昆明以考察茶销路线。1927—1945 年，经过多次实地考察和慎重选择，李先生最终将佛海出口物资的集中转运站定在仰光，再从仰光分销茶叶至东南亚各大城市。这期间，佛海各茶庄在东南亚建立的货站延至仰光、西贡、锡兰、新德里、加尔各答等地。

1934 年 4 月，李拂一先生辞去南峤县（今勐海县勐遮、景真等地）教育局局长之职，担任佛海教育局局长，以便更好地照管茶庄生意。那时，腾冲董家和鹤庆张家经营着佛海地区的两大茶庄。这两家茶庄资金充足，并与当时主政的英国殖民者关系密切。因此，他们在印缅各地委派自己的代理人整理、包装和运输茶叶，达至产销一体化。而那些中小茶庄大都没有这样的经济实力，经常要向印度商人借高利贷。故而，当中小茶商运茶到印度葛伦堡，等待和藏商交易之时，往往急于出货以回收资金清还高利贷。此时，董家洪记就开始降价倾销，压低市场价格。而当这些中小茶商以较低的价格卖掉茶叶离开葛伦堡后，洪记又把茶价涨上去。为了保护中小茶庄的利益，李拂一先生联合佛海当地的中小茶庄，成立佛海茶业联合贸易公司（简称“联贸”），并担任公司经理。佛海各大茶庄如周文卿、马鼎臣、王球时的商号以及一些小茶庄纷纷加入。李拂一先生积极与各茶叶代理商合作，并在加尔各答、葛伦堡租用储茶仓库，组织统一运输、存储和销售，形成一条完备的茶叶产销链。佛海茶业联合贸易公司的成立，保障了佛海地区中小茶庄的利益，营造了跨国茶业更为公平的商贸环境。

茶厂与“联运”

晚清以降，外国列强加快了对十二版纳资源的掠夺。英国为了抢夺中国资源，在缅甸大修公路和铁路，大大减短了佛海茶叶经缅甸运到印度或西藏的路程。1937 年，法国人更在越南阻挠倚邦和易武的茶叶进入越南，使澜沧江东岸六大茶山产的茶的销路受阻。次年，普洱、思茅、易武、佛海四个主要的茶叶产区，仅剩佛海还有茶销出路，即经打洛出境销往缅甸和西藏。

在内忧外患的时局下，佛海茶业肩负着关系家国命运的历史重任。一是佛海茶叶销往西藏，可防止英国人和印度人利用茶叶控制西藏；二是抗战爆发，国家需用茶叶换取外汇；三是以茶业为纽带发展少数民族地区经济，可稳定边疆政局。因此，中国茶叶公司决定在佛海部署组建实验茶厂。

由于长年生活在茶区，又亲自经营茶庄，李拂一先生对西双版纳的茶业非常熟悉。早在 1933 年出版的《车里》中，他就对车里（今景洪）的茶业作了专门介绍。除此之外，他还在南京《新亚细亚》杂志上发

始建于1938年的闻名遐迩的勐海茶厂

表了《西藏与车里之茶叶贸易》一文。1938 年，李拂一先生受省政府委托，去泰国、越南等地侦察，又写就《佛海茶业概况》一文。中国茶叶公司董事长寿景伟先生看了此文后，十分赞同其中观点，并委任李拂一先生协助筹建佛海实验茶厂。

云南中茶公司虽有李拂一先生的报告，但对佛海当地条件是否适合设厂依然持保留态度。为慎重起见，公司决定派范和钧先生和张石诚先生前去调研。两位先生在李拂一先生的协助下，考察了佛海茶业的状况和周边地区的经济、政治、文化等因素。经过约一个月的调研，范和钧先生认为佛海具备茶叶加工和出口的地理优势。范先生还试制出白茶、红茶、绿茶、青茶等共 1170 市斤（1 市斤 =0.5 千克）。随后，他将这些茶样分寄中国香港及伦敦等处以探询市场评价。同时，李拂一先生把佛海几大茶庄的子弟和自己的学生介绍到实验茶厂当职员。这批职员成为实验茶厂与当地少数民族茶农沟通的重要纽带。

1940 年 9 月，佛海实验茶厂正式批准成立，但新茶厂的原料收购却面临许多困难。新茶厂成立之前，佛海已有二十多家私人茶庄以及

西双版纳勐海茶区贺开茶山古茶园

南糯山实验茶厂。佛海各茶庄大都生产紧茶，原料需求量很大，这使当地的茶叶原料常处于抢购状态。范和钧先生意识到如果不把私人茶庄归于旗下，实验茶厂很难购到原料。于是，他一方面通过李拂一先生与各大茶庄进行沟通与合作。另一方面，他把佛海的局面向上级作了汇报。不久，中央行政院发出通令，规定全国茶叶产、制、运销一概归中茶总公司办理，私茶不得擅自出境。中央通令一下，佛海各自拍马上路的大小茶庄立即勒鞍转马，纷纷投到佛海实验茶厂门下。

1940 年 10 月，经佛海实验茶厂倡导，佛海藏销紧茶联合运销处（简称“联运”）成立。联运在缅甸景栋设有办事处和联络员，并在仰光、加尔各答等地设有理货点。李拂一先生任运输股长，负责沿途的总协调工作。联运成立后，佛海十几家私人茶庄积极加入，成为佛海实验茶厂的分厂和加工点。

1942 年 6 月，日本人攻入缅甸景栋，离佛海打洛仅有几十千米。云南中茶公司通知佛海实验茶厂停产，机器设备转移，人员撤离。1942 年 11 月 7 日，范和钧先生率 20 多名外地技术员工离开茶厂。之后，云南中茶公司任命李拂一先生为佛海实验茶厂主任，负责调动厂房、设备以及收购的紧茶等。这期间，缅甸联运办事处撤回佛海，联运在缅甸未运走的两千多担紧茶或被炸毁，或被日军没收。滞留缅甸的另外三千多担紧茶，李拂一先生决定疏散到各个茶庄，以降低日本飞机轰炸带来的经济损失。随后，李先生也撤离佛海，佛海实验茶厂的留守工作交给刀国栋、周光泽两位先生负责。中华人民共和国成立后，佛海实验茶厂和南糯山实验茶厂合并为勐海茶厂。

李拂一先生在云南西双版纳务政二十余年，积极开发当地茶叶资源，发展茶贸经济，创建茶业机制，研撰茶学论文，为十二版纳的茶业发展做出了突出的贡献。

（本文史料选参侯祖荣先生《柯树勋•李拂一传》一书，深表谢忱！）

茶的旅行，有古道西风，有金戈铁马，有慷慨悲歌，有精神洗礼。那是在中国香港，历史背景积淀下的饮茶情怀，数代老板经营出的茶庄，让不同国籍、年龄、背景的人们同台畅饮；那是在冰岛，万亩的古茶园养育着这里的少数民族，茶农们也练出了“老太太上树比猴快”的本领；那是茶马古道，一条令人向往的雄性之路、血腥之路、财富之路，更是一条民族文化交流融通之路；那是遍及云南的南北，从西双版纳到香格里拉，不论富裕、朴素，茶都是待客的礼遇；更是即便跨国过海，在马来西亚，异国的茶店，中国的茶器，好喝的拉茶，英式的下午茶，饮茶的习俗让各种肤色的人们因茶有了更多交集。

茶之道，绝不是冲泡几片树叶那么简单，茶在世界各地的足迹，也绝不是陆运海运空运的交通之旅。它的背后，总有你无法想象的故事。经过千百年时光的磨炼，它在五湖四海扎根落定。当你经过那里，脚步因它而停留，它终会将过往徐徐向你诉说。

茶的旅行

消受山中水一杯

中国香港茶庄

秋宓

弘益茶道美学特约主笔，旅英茶人。著有《苹果树下的下午茶》《无问西东》。

“饮茶”在中国香港

中国香港是现代化的国际大都市，但传统茶的文化内涵却十分丰富。港人不但喜欢到茶楼饮茶，享受一盅两件的乐趣，还热衷于英式下午茶。中国香港虽然不产茶，但却可能是各个茶产地外饮茶文化最普遍的地区。港人喝茶包容度大，从普洱、寿眉、香片到西式红茶和奶茶，通通都喝。

港式饮茶，多在茶楼。所谓的“一盅两件”是一壶茶配两件点心。茶壶是大茶壶，或金属，或白瓷。茶叶并不是主角，其焦点在于各式精致美味的点心。在茶楼，最显眼的莫过于在走道推着餐车和蒸笼的售点员。新鲜热辣的虾饺、烧卖、排骨和流沙包等美味点心随时奉上。茶叶在这里主要用于化解食物的油腻。所以在中国香港，“饮茶”之意不在茶。

中国香港独特的历史背景赋予了其另一个茶文化——英国的红茶文化。在英国近一百年的统治下，红茶文化也在中国香港深深地扎下了根。在上流社会，在高档酒店喝下午茶，伴以精美的西点是很流行的活动。随着“下午茶”平民化，西点越做越精，红茶也改良出多种新饮法，如丝袜奶茶（一种用丝袜或类似于丝袜的材料做滤网过滤出

来的奶茶）、鸳鸯（咖啡和红茶的结合）等。

以上两种饮茶方式，茶是配角，精美的中西式点心才是主角。然而，这并不代表港人不懂“品茗”。潮汕的“工夫茶”在中国香港也相当盛行，有些港人品茗的层次很高，他们购茶的主要渠道还是一些口碑好的优质茶庄。中国香港的茶叶销售主要由几大块组成：茶行，主要负责批发和进出口贸易，又称为头盘商；较大的茶庄，可零售，可批发，是进出口贸易的二盘商；他们中的一部分还有自己的加工厂，多数是自己烘焙乌龙茶或制作一些特种茶。小茶庄都是到茶行进货销售的。

在中国香港，如果你找到信誉好、诚实可靠的茶庄，不但能买到货真价实的好茶，还有机会与茶庄老板交流从而丰富茶知识。笔者闲暇时喜爱逛茶庄，曾光顾多家有信誉的茶庄，购到有特色的好茶。他们有的坚持传统旧式茶庄的经营方式；有的糅合传统及现代，极具格调。

他们有的执着手工碳焙，一丝不苟；有的不辞辛苦，亲自去各大茶山搜罗靓茶；有的固执地保存中国茶学美德，热心保育工夫茶文化。中国香港的茶庄各有特色，在中国香港逛茶庄不但能够买到好茶，还是一件放松心情的美事。

乐茶轩

在中国香港，这个寸土寸金，中西文化完美交融的国际大都市，有这样一个茶馆。它有中式茶馆的风韵，也有现代茶舍的精致；它有广式茶楼的精美点心，也有传统茶庄的精选佳茗；它给你喝茶休憩的空间，也奉上“丝竹茗曲”妙音；它让你洗尽风尘疲惫，也让你附庸风雅一番。它让你感受到：一泡茶，泡出思绪万千，烦恼、纷扰，纷纷随茶香飘走；一曲乐，奏出心灵的春天，悠然、自省，缓缓伴乐声走来。报章说，它是“闹市难得的绿洲”；蔡澜叹，“这是一个值得去完又去的好地方”。

中国香港公园里，有一座具有160多年历史，叫“前英军总司令官邸”的老建筑，就是现在的“茶具文物馆”。在其新翼“罗桂祥茶艺馆”地下，有一间茶馆，叫“乐茶轩”。一踏入这座纯白色古建筑，扑进眼底的是精美的木雕通花屏风和几案上的兰花与小壶。抬头，“乐茶轩”三个绿色大字映入眼帘。放眼望去，茶馆内散发着古典茶室的风韵，木制镂花屏风将茶馆分成正、偏两个空间。馆内装饰以咖啡色系为主，辅以黑褐色、枣红色和米黄色，不但蕴含了浓厚的中国风，还不动声色地给视觉平添了几分跳跃感。步入店中，茶香扑面，古琴缓缓。这里既没有传统茶楼的浊腻，也没有广式餐厅的喧闹。墙上挂着古字画，头顶悬着雀笼。虽不闻莺啼，却别有一番韵味。

在漆木方桌前坐下，你与其说它恬淡静舒，不如说它雍容雅致。古典优雅中轻轻跳跃着时代感，大方从容中又不着痕迹地透露着细腻无瑕。在水泥森林中的绿洲中国香港公园里，遇到“乐茶轩”，是炎炎沙漠中苦苦前行的旅者找到甘露，是茫茫大海中无奈漂泊的船只望见灯塔。此时此刻，只有心在跳动。

中国香港公园乐茶轩

乐茶轩除了提供精美的广式素食点心，还可能是中国香港唯一备齐六种茶系［绿、白、黄、青（乌龙）、红、黑］的茶馆。乐茶轩的菜单上有茗茶、点心和甜品等寥寥几种，简而精，是上等茶楼的典范。是日，我选了“珍选特级凤凰单丛”，又叫了“老火素汤”“金菇水晶包”和“茉莉雨花丸子”。

未几，茗茶奉上。朱泥小“西施”配白瓷公道杯端放面前。闪亮的电热水壶盛着滚开的水，放在桌边左侧的一个矮方凳上，正应了我左手注水的习惯。茶已置于壶中。淋壶瀹茶，杯中的茶汤亮丽脱俗，气味清逸典雅，入口润滑甘甜。头泡刚好品完，老火汤献上。这汤清醇够味，甜美不腻，是素汤之上品。贴心的伙计，看你喝完汤，立即端上“金菇水晶包”。小小的两个，晶莹剔透地端坐在竹屉中，让人不忍心触碰。品尝起来，其口感清爽，风味一流，好吃到非要追加不可。然后，迎来“茉莉雨花丸子”。两个亚白色卷着浅啡色螺旋花纹的糯米丸子亲密地挨着躺在淡黄色的蜜汤中，轻咬一口，糯糯的，清甜中伴着茉莉的芬芳与芝麻的香醇。再来一泡“凤凰单丛”，口中蜜香混

中国香港公园乐茶轩

合着茉莉香，肆意挑战我的感官体验。慢慢泡茶，静静品茶。不知不觉中，荔枝的清甜悠悠地涌来。

素点心味美精致却不油腻，是精选佳茗的绝配。这里的茶均由老板叶先生亲身走遍中国各地精选而来，渠道有保证，质素亦超群。这里的点心，每日选用最新鲜的食材烹制，即使每天吃也有不同的感觉。

值得一提的是，每逢星期日下午四点，乐茶轩都会举办“丝竹茗趣”活动，每周都邀请国乐大师来演奏中乐，边茗茶，边听曲，时光轮转，仿佛回到那个“黄金年代”。

时间未到，先奉上“透天香黄金桂”。时逢冬茶，茶汤金黄剔透，入口香甜异常，天然的桂花香气缭绕，最适宜冬令时分品饮。正在专心品佳茗，耳边传来叶荣枝先生和谭宝硕先生的对谈。叶荣枝先生是乐茶轩的老板，中国香港茶界老前辈，书法家。谭宝硕先生是国际著名洞箫演奏家，擅长书法、国画、摄影和中医药。两位智者谈天说地，说古论今，幽默风趣，轻松地把观众拉进文化世界。

是日，主题为“山水情”的古琴洞箫演奏会，特邀古琴名家谢俊仁医生和谭宝硕先生和奏《关山月》《月楼春晓》《流水》和《忆故人》等乐曲。先来一曲《关山月》。古琴音韵刚健而质朴，气魄宏大，壮士之情怀真挚感人；洞箫悠扬婉转，空灵飘逸，似远处潮水缓缓推进，又似洪涛汹涌白浪连山。曲末，我完全沉浸在李白的“明月出天山，苍茫云海间。长风几万里，吹度玉门关”的情怀中。

这时，两位主持人吟诵起唐代诗人王维的《渭城曲》：

中国香港公园乐茶轩

渭城朝雨浥轻尘，客舍青青柳色新；
劝君更尽一杯酒，西出阳关无故人。

古人和现代人的友谊有什么不同呢？主持人引导观众边听曲边思考。曲毕，主持人再吟诵王维的另一首诗《相思》：

红豆生南国，春来发几枝？
劝君多采撷，此物最相思。

随机演奏古琴曲《长相思》。乐茶轩的茶叙与普通音乐会的不同之处就在于此。普通音乐会的曲子一个接一个，不给观众思考联想的时间。而乐茶轩的茶叙则在乐曲前后穿插文化主持人的吟诵和解说，使你更深入其境，从而品得其中真味。

中场休息，献上清新素点。精致剔透，味道怡人，与“黄金桂”的桂花香缠绵于口中，就像窗外互相缠绕的常青藤，悱恻而悠长。

休息过后，音韵再起。几位国乐名家即兴合奏一曲《菊花台》，娱人娱己，何乐不为？只听洞箫时而如泣如诉，时而若隐若幻。窗内古筝灵透柔和，潇洒飘逸；窗外笙吹似凤鸣“隔彩霞”。这边“嘈嘈切切错杂弹，大珠小珠落玉盘”；那边胡音既萧瑟缠绵，又飞扬洒脱。心在静止，血在凝结。

“夜太漫长，凝成了霜……梦在远方，化成一缕香……一夜惆怅如此委婉……”

此情此景，可以即成永恒吗？

下午茶，轻弹浅唱说古今事，洗涤心灵倡悠然自得。难怪中国香港著名诗人也斯说乐茶轩是“闹市难得的绿洲”。周末携三五知己约下这“非知音不能听”的丝竹之音吧。为免门外轻叹，敬请有心人务必提早预定。

茗香茶庄

步入位于九龙城的茗香茶庄，最抢眼的莫过于左边整幅墙的不锈钢大茶叶罐，总共不下七八十个。从“通仙灵铁观音”“武夷铁罗汉”“极品凤凰单丛”“碳焙冠军茶王”，到“远年旧普洱散青饼”和“狮峰极品龙井”等，包罗六大茶类，各种制法，丰富得令人赞叹。售价从每斤三四十元到每斤几千元，均清晰标明每斤售价和每两售价，丰俭由人，任君选择。

环店一周，定睛于招牌下排列整齐的10个大锡罐。茶叶保鲜首选锡罐。其罐身厚，存气好，密度高，保鲜功能一流。店内这些锡罐老旧、厚重，一定价值不菲。但这其中有一只明显较新，原来这还有一段有趣的故事。这批锡罐是20世纪80年代中国香港颜利隆打造，当年造价亦要2000元一个。后来，有个瑞士人见到就爱上，出价过万元连茶带罐一并买走。这个较新的是后来又定做的。

“茗香”最闻名遐迩的是半个世纪来都自家加工的碳焙铁观音。这份坚持在“金钱至上”的现代中国香港社会分外可贵。店内那个四十来岁频繁出入后面焙火间的就是少东主。在中国香港的高温下，

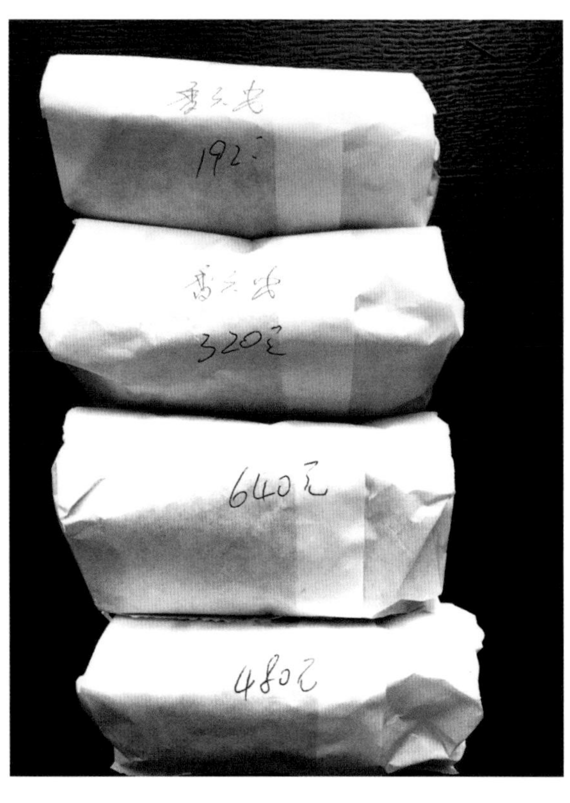

中国香港茗香茶庄

他汗流浃背地忙里忙外，坚持的就是碳焙那份醇厚和顺甜。“茗香”铺子后面就是焙火工厂，现在每 3 个月烘焙 2 次，工厂 7 个炉，共需 1600 斤碳。性寒凉的铁观音，经炭火烘焙后，去茶青味，不寒不燥，分外香醇。除了碳焙，“茗香”还有“拼堆”的秘方。将脾性互补的茶叶，新旧贵平，全手工细致拼合，最大限度地提升茶叶口感。难怪蔡澜也是“茗香”的座上客，其名下的“爆爆茶”就是这里出品。

“茗香”还保持着中国香港旧式茶庄特色，没有现代茶庄的高雅摆设，也没有特别营造茶道气氛。来买茶的人进门就点名要哪种茶，半斤或一斤，称好就走，爽快麻利。如果不清楚要买哪种茶的，伙计就问 ：“喝什么茶？什么价位？”买茶人回答完就找到要买的茶了。像我这种 “茶非试不能买也”的人，也没关系。在“茗香”买茶论两计，最低一两。中国香港一斤十六两，600 克，每两 37.5 克。例如，每斤 320 元的“高香桂花六安”，每两仅 20 元。我尝试买了两种六安，两种普洱，每种一两。伙计用纸袋封好，并细心地写上名称和价格。

中国香港茗香茶庄

为避免互相影响，还将高香的六安再放入一个小塑料袋与普洱分开。

茗香茶庄虽然没有高雅的格调，但让人实实在在地感受到“油盐酱醋茶”的生活气息；没有刻意的装扮，却多了一份朴素和诚恳。来中国香港，不妨逛逛九龙城的茗香茶庄，体会一下中国香港老一辈茶人的执着，买几样茶回家慢慢地试，不枉此行也。

刘裕发茶庄

一日，外面阴雨连绵，心中无端郁闷难解，于是去商场散散心。然而中国香港的商场终年热闹非凡，又无端给人平添了几分烦躁。一转弯，忽见一家门面开阔、清雅的茶庄。巨幅玻璃橱窗内清爽别致，格调高雅。抬头只见“刘裕发茶庄”几个描金大字的招牌。

茗香
Mandy Lieu

信步走入，店内中间一张霸王茶台，左边上中下整齐地摆满了大茶罐，右边陈列了各式雅致的茶具。引人注目的是店中间摆放的一系列怀旧“三钱三”工夫茶，款式多样，有祝福语、十三幺和工夫茶等。“三钱三”即是将一两茶分成三小包，因一两有十钱，所以统称“三钱三”。20世纪五六十年代的港人，喜欢将小包装茶叶放入茶壶泡茶供一家大小饮用，这样无须担心置茶分量，每次一包。“刘裕发茶庄”已成立50多年，经历了普洱茶的兴盛和铁观音的变迁，还同时经营着其国际品牌——“工夫茶舍”。坐在茶台后亲切招呼客人的就是老板刘庄主了。他和气地问我喝什么茶，又带我环店一周介绍各类茶品。

茶庄以铁观音和普洱闻名，高中低档品种齐全。我选了清香型的“千里香”和碳焙“龙冠铁观音”试茶。刘庄主拿出一只精巧的白瓷盖碗，温茶盅、高冲、去沫、淋罐、滚杯、关公巡城、韩信点兵，潮汕工夫茶一气呵成。茶未入口，一缕清香扑面而来。这时，一名男子步入茶庄，刘庄主热情地招呼他入座一起试茶。此人入座后直直点头，满面笑容。只见他先观茶汤，再端杯闻香，分三口品饮，然后竖起大拇指，频频点头，却未说一句话。我正揣摩此人何许人也。虽然是亚洲人面孔，但肯定不是中国香港人，也不像我国大陆人。此刻，这人笑说：“好茶！是不是‘千里香’啊？”标准的普通话。我顿觉自己看走了眼，暗自打趣这位同乡何时学会了日本人的点头礼。刘庄主说：“您是国内来旅游的？”他微笑着说：“不是，我是日本人，在中国香港工作。”“你的普通话说得太好了！”我禁不住赞叹道。原来他自小喜欢中国文化，早年赴北京学中文，热爱工夫茶。这次是趁休息，慕“千里香”的名而来。

接下来，我们试“龙冠铁观音”。刘庄主拿出一只极小的朱泥水平壶。他说：“碳焙龙冠铁观音和这只朱泥小水平是绝配。”通常我试茶时倾向使用瓷盖碗，比较客观。但老茶人执着地想冲出最好的茶汤，我当然赞成。这款铁观音粒粒饱满，颗颗重手。其茶汤浓艳，香气稳重，入口醇厚甘甜，是茶中极品。刘庄主一边讲解，一边示范如何冲出一泡完美的工夫茶。

在茶香缭绕中，我们谈笑风生，忧郁烦闷的心情早已一扫而空。茶是何等奇妙的媒介，在它的引领下，不同国籍、不同年龄、不同背景的人们同台畅饮，共同珍视这生活中的完美一刻。

一个语言学者的冰岛笔记

杨海潮

北京大学语言学博士，任教于西南林业大学。主要研究领域为理论语言学、西南民族史、茶马古道和茶史。专长为结合语言学、历史学和人类学作实证研究，目前致力于音系学和茶的科学与人文研究。

早就和孔江平教授、汪锋教授约了去古茶山看看，但是去哪座茶山、什么时候去，却一直没有约好。去年（2015年）8月，大家到丽江开演化语言学会议，同时庆祝“茶马古道”命名25周年，会后去大理调查白语，就商量抽空从大理去冰岛看古茶园。国色端庄茶叶公司的陈静涛总经理在冰岛做了10年的茶了，人头熟得很，于是和他约好时间，他从昆明坐飞机去临沧，我们开车从大理过去和他会合，然后一起去冰岛。可是，临了，汪锋教授因为要照顾家人，去不成了。

去冰岛之前，先讲个普洱茶笑话：几个人在喝茶、聊天，说冰岛的黄片不好看，太涩，但味道倒确实不错。旁边有人经过，就问：“先生，打扰一下，刚才路过，不好意思听到了你们的话，欧洲的黄片我看过，法国、德国都看过，就是没有看过冰岛的黄片，黄片当然要色了，请问冰岛的黄片哪里有卖，谢谢。”喝着茶的几个人大笑：“我们说的‘冰岛黄片’是普洱茶。”

为什么“冰岛黄片”是普洱茶，下面慢慢说。我们先去临沧，然后到双江，再去勐库，上冰岛。

最近时不时下雨，上山之后，道路虽然宽阔，但走一阵就会遇到非常泥泞的一段。开着杨普法同学借给我们的奥迪越野车，不适合走这样的泥巴路，陈静涛也不忍心开新车走这样的路，就掉头返回山脚，找他当地的茶农朋友借了一辆越野车，重新慢慢开上山。

冰岛老寨旁种植成行列的茶树

一路阴雨，边坡露出红土，而远山掩映在云雾之中。高山云雾正是出好茶的地方，陈静涛指着远山说："我们要去的冰岛村就在那座山上。"

冰岛是一个傣族村寨，"冰岛"之名是傣语，而北欧国家冰岛Iceland是英语。普洱茶界一般所谓的冰岛，是临沧市双江县勐库镇的一个行政村，包括冰岛、南迫、地界、坝歪和糯武五个自然村。陈静涛讲了个当地老人传下来的故事：有一年干部来入户调查，问这个村叫什么。主人刚要回答，正好一阵风把他家作门用的篾笆吹倒了，他脱口而出"丙岛、丙岛"，调查干部就把村子的名称记作"冰岛"了，其实主人只是在叫他弟弟把那被风吹倒的篾笆扶起来。

大约走了17千米，到达冰岛湖。这个湖其实是个水库，叫南等水库，得名于这里的南等村。湖边建了一个观景台，观景台对面的山崖上有石刻大字"相约冰岛，绿色之恋"。陈静涛开玩笑说："广告词是'相约冰岛，绿色之恋'，地名却叫'南等'，这个约会就'难等'了。"

上午十一点多到南迫寨，陈静涛说今天中午就在这里吃饭，现在下着雨，也不知道等一下会不会停，我们是先吃饭呢，还是先去看茶树？看看雨不大，问问只有几十米了，我们夫妇都说先看茶园。

没几分钟就到了冰岛老寨。在细雨中走进茶园，茶山上四望都是有细节、有肌理的绿色，天气有点儿凉，但让人神清气爽。几米高的茶树很少长有又直又长的粗枝，每一棵茶树都屈曲虬结，那是长期的采摘塑造而成的痕迹。

冰岛茶山

著名的“云南十八怪”之一是“老太太上树比猴快”，过去我一直不明白老太太上树干什么，现在想想，应该就是上树采茶吧！在云南，采茶叶的人一般都是女性，普洱茶古树动辄几米高，采茶人需要爬上爬下。一年又一年过去了，采茶人就上树比猴子还快了；一代又一代，茶树就被采摘、踩踏得很少有直枝了。

当然，坝糯村的“藤条茶”可能要除外。每年春天，茶农将茶树枝条上新出的芽和叶都除掉，只留下枝条尖端的两个新芽头和两片嫩叶，几十年后，茶树枝就长成又细又长的藤条形状，茶芽只长在枝条的顶端，茶农只采一芽一叶，留下一芽等第二轮再采。这样的茶树枝条比较柔软，拉过来就可以采茶，即使需要爬上茶树，也不必爬高下低的辛苦了。

才看了十来分钟，雨大起来了，从伞上流下来要滴成线，只好先折回南迫寨，进赵加瑞家。陈静涛昨天打了电话给他，请他今天一早就杀一只小公鸡，放点野生菌慢慢炖着，再弄几个小菜，我们四个人要来吃午饭。

进门是个小院子，房檐下，小赵的岳母正坐在小板凳上捡茶叶，左手夹着一支纸烟，时不时抽一口。她的右手在面前的簸箕里不断扒拉着毛茶，捡出黄中带绿的叶片，放进左边的竹箩里。我问她拣出来的是黄片吗，她说是呢。

“黄片”之名是普洱茶界叫出来的，也只用于普洱茶。所谓黄片，说白了就是老茶树上的老叶子，颜色有点儿泛黄，茶叶杀青后不容易揉捻成条索状，还黄中带绿，卖相不好，筛选、挑拣毛茶时要捡出来。拣出来并不是要丢掉，而是留着自己喝。因为黄片的香气虽然淡一点，甜度却比较高，滋味醇厚，持久耐泡，煮着喝更好。

冰岛黄片好喝，因为原料的品质有保证，但过去并不拿出去卖，因为没人买、太便宜（其他一些名山的普洱茶也有黄片，比如倚邦黄片、昔归黄片，品质也很不错，不过我没有喝过）。这几年，很多人都知道黄片的好了，冰岛茶卖到上万块钱一斤，冰岛黄片也能卖到好几千块钱，就更要分开了。

坐下喝茶。小赵拿了一个竹编的小筛子过来，里面装了一些干茶，抓一把放进白瓷盖碗里，把小竹筛子递给我们看，自己先温了杯，然后把涨水冲进盖碗里润茶，香气就飘出来了。

孔老师的夫人正在萎凋床边为新鲜茶叶拍照，闻见茶味，走过来问："是什么茶，这么香？太好闻了！”孔老师笑笑说：“当然是冰岛了，赶紧坐过来喝茶，在冰岛山上喝冰岛茶，最好的茶了，可不是谁都能有这样的福气的！”

茶水倒进小杯子里，冰岛果然不负“普洱皇后”之誉：茶汤清亮，茶香馥郁而柔和。举杯一饮而尽，嘴里满满的都是鲜爽的滋味。再闻闻杯子，杯底的香气让人不忍释手。

勐库一带，不仅冰岛茶好，正气塘、小户赛等不少村寨的茶也很出名。1908 年，后来成为大理商帮典范的“永昌祥”商号开始在下关设厂做沱茶，因为畅销，其他商号也就在下关相继兴建茶厂。到 1925 年，下关成为云南最大的茶叶加工中心，勐库即是最主要的茶叶原料产地之一。沱茶以“永昌祥”生产的最为出名，其配料的比例，勐库茶占到了 60%，最少的也有 30%（李格风《解放前下关制茶业简介》、杨克诚《永昌祥简史》）。

可见勐库茶好，并不是最近才炒作出来的。其实，勐库茶一直在云南用于红茶、普洱茶之中来提味，全国茶树良种审定委员会在 1957 年和 1984 年举行的两次会议，都已经将勐库大叶茶种审定为全国优良茶种。

喝了十来杯茶，午饭做好了，先吃饭。饭很简单，但是肉有肉的香味，菜有菜的香味，饭有饭的香味，比起钢筋水泥丛林的都市，如果不算精神方面的因素，所谓生活与生存的区别，大概就不过如此吧。饭后继续喝茶，喝了一个小时，雨小了，赶紧又去看茶园，出了门，嘴里还有冰岛茶的鲜爽滋味和淡淡的甘甜。

冰岛老寨边上，茶园静静地卧在那里。在茶树间走来走去，边走边拍茶树，一棵一棵看，想着这些茶树是如何一年又一年长成这个样子的，想拍一张大场景的茶园。

找来找去，没有找到合适的大场景，却突然从取景框里注意到，这些茶树的位置是有规律的，它们不是种成直直的一排一排，而是七八棵或十几二十棵为一组，在同一水平线上成为弧状，分别围住一小块地。那么，几棵茶树连成的弧线不就是田埂吗？走来走去，不断拿这个发现去看这片茶园，几乎没有几棵茶树不是这样。

由此可以想见，粗细差不多的茶树，应该是在相近的时间种下的，当年的种茶人在田边地头种下这些茶树，既可以围住田埂保护水土，又可以采茶叶作自家的饮料。看它们围住的田地都是小块小块的，而且不很规整，可见种茶人的农业水平应该并不算高。问了陈静涛，得知如今冰岛村的居民以傣族为主，而傣族人民喜欢居住在平坝、河边，擅长稻作农业。元代的文献说保山一带的傣族“以毡、布、茶、盐相贸易”

冰岛湖

冰岛茶叶

（李京《云南志略》），那么，如果当年种下这些茶树的人是傣族，他们为什么要住到这高山上来？为什么不去利用周围那么多的山地？为什么不去开辟专种茶树的茶园？这些古茶树围住的小块田地并不适合种稻谷，看来当年种下这些茶树的人不会是傣族吧？

下午四点来钟，又下雨了，走出茶园，准备下山，村里出来个人叫了一声“陈老板”，是陈静涛的熟人，冰岛老寨的李金瑞。他一定要让我们到他家里喝杯茶再走。

小李家不远，就在村边。坐下来泡茶，也是冰岛，不过香气和滋味都稍淡了一点，推测是雨水天做的茶。冰岛家家户户都有茶树，因此以前家家户户都做茶、卖茶。但陈静涛10年前刚来冰岛做的时候，这里的茶叶做得还比较粗放，只能卖到几块钱一斤，谁能想得到前几年的拍卖会上居然拍出十几万一斤的天价呢？这10年里，眼看着冰岛茶从“养在深闺人未识”到“回头一笑百媚生”，冰岛的古茶树一棵棵被外地人承包去，茶价一天天飞涨起来，陈静涛自嘲地笑了又笑：“没有发财的命啊，但茶农挣了钱了，这是大好事。”

小李是傣族，他说冰岛这个地名原来写作“丙岛”，不知道是什么意思。孔老师问他，“丙”和“岛”这两个读音在傣语里是什么意思，他说不知道、没有意思。孔老师很遗憾我们时间太紧，不然的话，调查和分析一下傣语及文化，应该可以弄清这个地名本来的含义。（后来我查了一下资料，李克武《临沧傣语地名漫谈》说，傣族爱吃青苔做的菜，冰岛因为青苔多而好，被分配为土司贡献鲜美的青苔，这个

村因此就叫“冰岛”，傣语“冰”指拿、捞，“岛”指青苔）

我每次去茶山，总会有一些收获。收获最大的一次，是2005年初到普洱市（当时还叫思茅市）玩，我去了澜沧县酒井乡。每天晚饭后，当地的土地管理干部张跃兴先生带着我，穿过黑灯瞎火的田野、树林，去走访哈尼族支系僾尼人农家，我调查到了父子连名制，写成了论文《父子连名制与南诏王室族属研究的理论问题》。

那次调查去了好几个村。调查回来，我从罗常培先生的《语言与文化》书中看到，陶云逵先生 1935 年曾经在酒井调查过僾尼人的父子连名制，罗常培先生在 1944 年发表文章论述藏缅族的父子连名制，于是我就利用了他的调查材料。

这些是后话了。调查期间，张跃兴先生几次和我说，哪天得空带我去看看景迈的万亩茶园，那里好大一片哦，太大了，离这里也不算远。景迈的万亩古茶园是迄今为止国内面积最大、种植历史较长的古茶园，我当然很想去看看。可是白天他要上班、农家要劳动，我也要整理调查资料、设计当天晚上的调查，哪里有时间啊？何况每天的调查所得都很有价值，我不想随便就停下来。就这样，直到现在我也没去过景迈山的古茶园。

这一次来冰岛茶山的收获，一是明白了“老太太上树比猴快”是什么意思，二是明白了冰岛老寨的茶树当初应该是怎么种下的。明白了这些有什么用呢？云南各族人民喜欢花花草草，喜欢一些并不具有多少实用价值的东西，这样的文化和传统正是人之所以为人的关键之一。因此在离开冰岛的路上写了一首《云南看云》：

我看着这些云，它们像深邃的思考
远在天上，又似乎触手可及
蓝天和阳光勾画出它们的形象
让人想飞到它们之上，去亲近蓝色
如同永恒的女性引领我们上升

如同某种洞见让思想飞跃群山之巅
忘记身体还在山谷里爬行
这种情感与生俱来，让我们可以微笑

冰岛茶山

面对尘土与冰雪、饥饿与病痛
只是因为云在天上，而天在云上

有时候太阳已经落山，天边霞光万丈
几道光线穿云而下，牵住所有的眼睛
让所有的人都仰首翘望
却不知道要干什么，直到天黑下来
我们低下头，像一只只失魂落魄的野兽

前面说景迈山有万亩茶园，其实勐库大户赛的大雪山也有上万亩的古茶树，是目前发现的海拔最高、密度最大的古茶树群落。1997 年，因为当地干旱才被外界发现。据说古茶树的树龄大都在千年以上，这里很可能就是茶树的起源中心之一。更有意思的是，这里的茶叶还可以喝。

我同学杨爱军的妻子家就在这里，她家有几百亩茶园，其中不少都是古茶树。找机会我们去品一品他们的“若木古茶”，看看这座世界上最高的古茶山，就当作是向云南人民学习，学着去喜欢一点没有实际用处的东西吧。

（原题《冰岛散记》，载《世界遗产地理》2016 年第 4 期）

茶马古道，
一条雄性之路

鲁　云

媒体人。生于鲁，从业履历从东北到西南，万里风波一叶舟，幸与茶相识。

鲁云坐在剑川沙溪寺登街的石阶上，对面是挺拔秀美的魁阁带戏台，几百年的大槐树枝繁叶茂地遮蔽着高原刺眼的阳光。天有点旱，光滑的青石板隐去了温润的光泽，风却不燥。熟门熟路地穿街过巷。飞檐斗拱的兴教寺，门脸斑驳的老马店，穿着花裙子大马裤的小文青，周遭的“酿造”刚好，让鲁云陶醉一个下午。

不过此时此刻，鲁云享受的不是“文艺范儿”，而是在为一条路兴叹。2001 年 10 月，沙溪寺登街被列入世界纪念性建筑基金会（WMF）2002 年值得关注的百个濒危遗址名录。“中国沙溪（寺登街）区域是茶马古道上唯一幸存的集市，有完整的戏台、客栈、寺庙和寨门，使这个连接西藏和南亚的集市相当完备”这一描述，足以说明沙溪古镇的遗址分量，也勾连起一条伟大的道路——茶马古道。

关于茶马古道，很多人都有耳闻，但说不出个所以然来。是的，这条路遥远得有点神秘，壮美得有点孤高，丰富得有点庞杂，深邃得有点玄机。它从历史的偏门处蜿蜒而来，穿行于横断山脉的腹地，带着多民族文化的芬芳，又随着当代交通的变迁黯淡退场，留下千年回响。以鲁云有限的认知和在云南多年行走的经历，我不禁为之慨叹：茶马古道，一条雄性之路！

到过滇西北的人，无不惊叹于这里的山河之壮丽。高山峡谷，江河奔流，雪山耸峙，猿啼鹰鸣，这里也是远古民族迁徙的故道，与费孝通先生推崇的“藏彝走廊”多有重合，铸造出瑰丽的文化地理奇观。也只有身临其境，才能切身体会大自然的鬼斧神工和自己之渺小，一种宗教情怀油然而生。

造化弄人。青藏高原气温低并不产茶，在这里繁衍生息的民族因为饮食结构和习惯，却需要茶来化油解脂、提供维生素。藏族人说：“加霞热、加梭热、加查热。”大意是“茶是血、茶是肉、茶是生命”。而青藏高原边缘的四川、云南却是茶树原生地，“茶生银生城界诸山”“茶中故旧是蒙山”即是文献证明。谁也没想到，一片树叶，联系起西南、西北两大区域，成为中央王朝经略边疆的重器。在如今云南的西双版纳、临沧、普洱等地的大面积的古茶园，是这一段历史的“密匙”，它沉积着民族迁徙的印迹，等着有缘人去破译。

由此，一条世界上最高海拔的交通线——茶马古道得以生发延展，

云南第一座现代化茶厂
南糯山茶厂内部实景

如血管密布于肌体。如今吸引探险者和背包客的川藏、滇藏线路，多是历史上茶马古道的“主干血管”。云南的茶马古道从普洱府（府治在今普洱市宁洱县）出发，有进京、进藏、前往越南和缅甸等方向。进藏线路的主干，正是如今大理、丽江和香格里拉及至西藏昌都的热门旅游线路。而这些城市的兴起，无不和茶马古道息息相关。

这是何等雄壮的一条路啊！忽而是野兽出没的原始森林，忽而是鬼见愁的山间绝壁小路，忽而是风光好却瘴气多的坝子，忽而是鸟兽绝迹的雪山垭口，忽而是草木枯黄的干热河谷，一路上到处是令人叹为观止的风景。

茶马古道上的人马，应该没有这么多浪漫主义的情怀。川茶进藏，因为路径和成本的考量，多用人力运输，人称“茶背子”。1939年，白俄顾彼得先生这样描述他亲眼见到的“茶背子”：“不管阴雨绵绵还是阳光灿烂、风霜雪冻，成百上千的背茶者日复一日、年复一年地往来于雅安和打箭炉之间；当死亡来临时，他们只是往路边一躺，然后悲惨地死去，没有人会关心，这样的事周而复始，没有人会因此掉泪。”过度的疲劳，让“茶背子”们累得说不出话来，他们对周遭的景物不感兴趣，只是像机器人一样从一块石板迈向另一块石板。顾彼得哀叹：“在打箭炉的那段日子里，这种悲惨至极的景象一直萦绕着我，使我感到无比的悲凉和不可言说的无能为力。”

相对来说，云南进藏的马帮要“威风”一些。家里养得起马的农户，相约组建起马帮，在马锅头的带领下跑“长途运输”，这项营生比种田更能养家。大的商号，要么有自己的马帮，要么雇佣有实力的大马锅头。马帮配枪，是武装押运，一支马帮足以打退一小股土匪的抢掠：马背上不仅驮着茶和盐，还可能夹藏着鸦片。面对土匪、野兽、拉兵抓夫和随时在变的天气，掌勺的马锅头要吃得开，没有人脉和经验可不行。无论如何，马帮之路也是一条血腥之路，文艺矫情只会误事。

云南的马帮都是分段运输，普洱府的管一段，大理的管一段，到了丽江即将进入涉藏地区，那将是“古宗”（藏族）的天下了。所以，不要以为茶马古道上只有马，进入涉藏地区海拔渐高，唯有具有“高原之舟”美誉的牦牛才行得通。古道上的货品，当然琳琅满目，茶、盐、毛皮、矿产品等都是大宗货。一条蜿蜒散发的茶马古道，将西部物产与人文串在一起，也是造化之妙。

鲁云曾到过维西县的叶芝镇，那里曾是茶马古道上的重要一站，如今藏在深闺人罕识。很难想象这个偏远的所在，竟有一座规模宏大的“三江司令府”。若不是拜茶马古道所赐，“王司令”哪里来的那么多收入？我们今日很难想象茶马古道之于这块边地的经济社会价值，正如很难想象茶叶曾是中央王朝的战略物资，甚至改变了世界历史的进程一样——茶之道，绝不是冲泡几片树叶那么简单！

正因为风光壮美、价值重大而又艰苦卓绝，鲁云将茶马古道称为“雄性之路”。事实上，“在刀尖上行进”的马帮，规矩禁忌多如牛毛，甚至到了迷信的地步。比如筷子不叫筷子，被称为“帮手”，因为“大

云南第一座现代化茶厂南糯山茶厂实景

快”是老虎的意思，得避讳；碗和“晚”谐音，被称作“莲花”；但柴和“财”接近，因而可以大呼小叫。若不是前路太不可知而心存惶恐，哪有这么多忌讳！马帮的规矩里就有一条：严禁队伍里随行女人，其道理不难明白，理由却有些滑稽：据传马匹吃了沾有女人经血的草料，就会大病不治——除非以女性阴毛烧成灰给马服用。当然，茶马古道上也出现过极个别的女马锅头，如大理的“阿十妹”，但其才智胆识超出很多男人，是铁骨铮铮的“女汉子”。

茶马古道，也是一条民族文化交流融通之路。经由经济活动带来的文化交融不可阻挡，加之是多民族聚居之地，相对封闭的文化单位孕育出风格迥异的语言、风俗、观念和信仰风貌，其交融自然碰撞出更加绚烂的火花。在大理鸡足山，同时和谐并存着藏传、汉传和南传三种佛教，儒家文化、道教乃至白族本主崇拜也融汇于一山之中，这在中原之地怕是绝无可能。一路上，你可以看到佛教喇嘛庙、白族本主庙、汉族关帝庙，它们的建筑风格、雕塑绘画、艺术气质相互借鉴；有时，它们聚集于一地，井水不犯河水。一个成功的马锅头，需要通晓不同民族的语言、风俗、禁忌，故而也是文化交流的使者。

雄性的茶马古道，最终体现为一种精神的超越和安宁。滇藏线贯穿的大香格里拉区域，就像一个精神信仰的“隐喻”，诉说着历史上茶马古道的商旅、行人所能达致的精神高度。迄今为止，藏族民众“转山”的线路，也连通着茶马古道的旧迹。你行进于往日的茶马古道上，头脑里浮想联翩，精神却是匍匐在地的：折服于先人们的意志、坚韧和无畏——与他们相比，我们的各种遭际不过是“过家家”而已。

回望茶马古道，于今日茶界平添几分遐思。在许多人眼里，茶文化的面貌是女里女气的，繁文缛节有些阴柔，对此鲁云绝不敢苟同。茶的故事里，也有金戈铁马和古道西风，也有慷慨悲歌与精神洗礼。若于茶中寻找阳刚之气，不妨读读茶马古道——有如此精气神为茶“铸魂”，茶事才能泽被千年而愈发生机勃勃。

旅行马来西亚，南洋茶地有华风

贾程捷
弘益大学堂讲师。

大茶会，如期而来。学生问我怎么样布一席优雅。问我的学生，长期生活在国外，这便正好符合这期大茶会的主题“国际”。说到这里，我的思绪开始跨越行走，茶，这位陪伴我走过 13 年光阴的老友，其实我也曾在异乡寻到问到。

爷爷的茶

9 月的大马，晴。在友人的陪伴下，我们行驶在去槟城的公路上，很是兴奋。经过怡保的街道，看见了运输茶叶的汽车，而车身上大大的 LOGO 再一次让我兴奋，大益。对，是我常喝的大益。两个小时的行驶之后，我们到达了位于吉隆坡和槟城之间的南洋小城怡保。法式风情的街道，空气弥漫着咸咸的海洋味道，一家不大的茶叶店吸引了我的注意。

走进店铺，陈列架上的器具吸引了我的眼球，各色的瓷器，被安静地置于茶室一隅。那些器具，对我来说如此复古，米通杯——我的第一套茶具。店里主要经营的是福建茶和六堡茶，好客的店主拿出了珍藏了 20 年的六堡茶招待我们，不禁让我们受宠若惊，一口下去，浓浓

槟城街景

的药香。店主说，这些器具有些年头了，是 15 年前刚开店的时候从景德镇进的货。他边说边泡，手上的盖碗也是来自中国的景德镇，用了也有好些年头了。马来西亚是个南洋群岛，总人口约 3000 万，其中华人和华人后代占 70%，讲华语、粤语和闽南语；此外，还有马来西亚人讲马来西亚语，印度人、西方和欧洲人及他们的混血后代以英语为主。在这种多元种族及其文化内涵的社会里，茶的身份已经不驻留于茶，它是一种生活方式，更是一种文化的象征。喝盖碗茶的以华人为主，特别是从广东和福建过去的华人非常喜欢喝普洱和乌龙茶。

出于职业习惯，我问他年轻人喝得多吗？老板娘笑笑说，用你们年轻人的话说那是爷爷的茶。听到这里，再对比国内的喝茶氛围，起码就我所接触到的年轻人，大多是爱喝茶的。茶作为一种饮品，它登上了大航海时代的货船来到这里，是那个年代里关于多少华人的回忆。

可是今天，他们老了，喝茶成了习惯，这就是当地茶文化，是生活中的饮品，更是华夏儿女的民族烙印。那白瓷上的茶渍，公道杯上的茶渍，品茗杯上的茶渍皆是岁月的积淀。

马来西亚也产茶

离开了怡保之后，去往槟城的路上听马来西亚的朋友介绍了一些当地特色的茶文化，马来西亚是产茶的。茶区多分布在北部热带雨林的高山之中。多年前，英国殖民者占领马来西亚时，种植了大量的茶树，而如今大多由当地马来人自主经营。在茶园里，有洗净萎凋机、有揉切机、有烘干机，制成的茶装进木箱，运到吉隆坡分类包装销售。成品的颗粒型红茶被马来西亚人称为锡兰茶，在马来西亚的宾馆里有供应，滋味浓醇。在马来西亚当地，人们主要喝红茶、乌龙茶、普洱茶，也有喝龙井和碧螺春。当地人习惯于红茶中掺牛奶和砂糖。他们的习惯口感认为：红茶是茶叶中刺激性最低的茶，配以牛奶、砂糖或佛手柑的香橙味，混合后有甜味的果香浓厚；而普洱茶越陈老越好，浓强味甘；炒青绿茶鲜爽，带有火香味；蒸青绿茶含有海藻味。

在到达槟城之后，我们去尝了特色的茶饮。先说说拉奶茶，这是马来西亚普通又普遍的茶饮。看着制作的小伙子一只手拿一只不锈钢茶杯，

茶仓的温度和湿度

槟城街景

装六成满冲泡好的红茶然后混合炼乳，高冲倒在另一只手拿的不锈钢茶杯里，如此动作连续地重复倒来倒去多次，一杯又香又甜又滑的拉茶就冲好了。英式下午茶可能是由于英国殖民的历史缘由，在马来西亚当地，无论是马来西亚人、华人或是印度人都热爱的一种休闲方式。让我想起了我们的申时茶，下午三点钟，工作之余，给忙碌的自己一杯茶的时间。于是我也在异国享受了一次异国的茶约。茶桌上蕾丝的白色桌布，配上香喷喷的松饼，也可以带上自己的精致茶器，边冲品茶边聊聊天，悠闲的下午茶成了马来西亚人喜爱的生活方式。

异国的茶店，中国的茶器，好喝的拉茶，英式的下午茶。饮茶的习俗已经融入世界的各个角落，各种肤色的人们也因茶有了更多的交集。身为茶艺老师的我，也感觉到身上的责任，任重而道远，风尚的背后需要更多的人去推广我们热爱的神奇树叶，并为之付出更多的努力。马来西亚也好，孟加拉国也好，我想这都只是开始。所以，茶是最美好的起点，而我有幸与之同行。

且尽他乡一碗茶

徐艺珊
弘益茶道美学撰稿人。

数年自驾游经历，我几乎将云南大小市、县和景点游了个遍。我喜爱大理的风花雪月、侠骨柔肠，也喜爱昆明的舒适宜居、包罗万象。但若要说对哪个地方最恋恋不舍，我还得从两杯茶说起。

在云南之南西双版纳，热带雨林和少数民族风情吸引着无数游客，大约十年前，我与家人自驾游到西双版纳，一路走走停停、慢行漫游，车子恰好到达橄榄坝。橄榄坝是西双版纳海拔最低、最炎热的地方，物产也十分丰富，每季都有数不过来的热带水果。

傣族村寨的生活是纯朴的、富饶的，我们借宿在一户村民家中，老老小小的一家人，两层的傣家竹楼，竹编的墙、地板，晚餐端上来，也是摆放在竹桌上，一看菜品，既是简单的家常菜，又是极具傣族特色的菜肴。个头小巧的糯玉米、香茅草烤鱼、菠萝饭、傣味包烧、酸爽的泡菜、不知名的花朵鸡蛋煎饼、叫不上名儿的野菜汤，真是丰盛的一桌。

一顿饱餐，足以令我们卸下旅途的疲惫。饭后，我们坐在阳台上乘凉，穿过树林放眼望去，不远处就能看见澜沧江平缓的江水。主人奉上一壶香茶，简单的陶壶、陶杯，可你的注意力却完全被茶本身所吸引，这是什么茶？香气如此独特！

问过才知道，这是茶，也不是茶。陶壶里大片的叶子，叫糯米香叶，可以说它是种香料。当它跟普洱熟茶搭配，浓郁的香气和醇厚的口感，堪称完美。

易武镇高山寨彝族小姑娘

端着杯，你会看到这还泛着绿意的叶子，与普洱悠然浮沉着，喝一口，啧！齿颊留香！不只是它的口感，它似有独特的魔力，将晚餐留下的辛辣、油脂一扫而去，只还给你清新的、自然的味道。

我们忍不住想把这美味带走，问主人哪里可以买到这种茶，主人往平台外的屋顶一指，野生的糯米香叶一片片晾晒在大簸箕里，几块钱就能买一袋。

直到今天，几袋从西双版纳带回的糯米香叶还存放在我家的茶柜里，还是它原本的塑料密封袋包装，与它的叶片一样，朴实、低调，只等一沏热水将它唤醒。

而另一杯茶，则到了云南西北的香格里拉。依旧是自驾游，不巧的是那时正值冬天，大雪日前封了路，我们从丽江出发的前一天路才通。驾车穿过重重大山和雪原，终于到达香格里拉市区，停留一天后，我们决定去素有“蓝孔雀的眼泪”之称的格念措，那是一个近两百亩的湖泊，隐藏于群山峡谷。

十多年前，那时还没有手机导航，自驾游就靠地图。我们循着地图上的县道驾驶，出了市区不久就是沿山谷而修的两车道柏油路，跟随无尽的密林驶向未知。

路两旁的森林像时间凝结，大雪还未化，除了我们的话语和车子空调制热的声音，一片静谧。

路越开越长，格念措遥遥难觅，驾驶了几个小时，我们一辆车都没有遇到。雪地上的车辙印也越来越浅，积雪摩擦着车底盘，让我们心生退意。到底还有多远？连个能问路的人都没有，车的油还够不够？但现在折返，实在可惜……

再开一会儿吧，我们咬着牙继续向前，也不知又开了多久，前方路边突然出现了一片白茫茫的旷野，是湖！

我们将车开下公路，驶过冰霜覆盖的草场，向着湖边靠近。到了近前，下车，寒冷的风从四面八方袭来，裹挟着细碎的雪粒。啊，又开始下雪了。

格念措完全不是我们想象中碧蓝的样子，它完全冰封了，湖面结了半米厚的冰，从四周的山峦到湖心，也全是一片雪白。

目之所及，是壮丽的、静谧的，也是荒凉的，万物都在沉睡。到过香格里拉的游客千千万万，但极少有像我们这样冬天来，并且寻踪景点以外的去处。与格念措的相遇，可以说也是一种缘分。

高原寒风凛冽，我们扛不住低温的侵袭，正要开车折返，却看到峡谷方向一位身穿青色藏袍的老大爷缓缓走了过来。看到他，我们都透出讶异的目光，如此荒凉，居然还有别人。

这位老大爷渐行渐近，见我们一行都站在原地注视他，率先开口打招呼："客人，你们是来旅游？"

他的话语带着浓浓的藏族口音，但我还是听懂了，便回答："对，我们从市区开车来。"

"这个季节没有游客的，大雪封路，你们怎么来的？"他很和蔼，但对我们怀着质疑。

"路刚通，我们也是摸索着找到这儿的。"我们忽然意识到，这位老大爷可能是守林人。

"客人，天冷，去我家喝碗茶吧。"老大爷示意他来时的路，脚

印尽头确实有间小木屋。

说实话，这有些出乎我们意料，这样一位独自住在群山野岭的老大爷，素昧平生却邀请我们到他的木屋喝茶。正在犹豫之际，他又开口了，“林子里有熊，你们开车在路上肯定不敢下车歇息，走吧，喝碗茶再走。”

众所周知，藏民纯朴。他一再相邀，我们就不再推辞，跟着他穿过没过脚踝的积雪，走到了他家。

这是一间建在湖边不远处，背靠山坡的小木屋，屋檐下还有个马圈，可黑乎乎地看不清里面。老大爷的屋子也是，没有电灯，唯一的光亮就是屋中的火塘。

一进屋子就不冷了，老大爷脱下自己的毛毡披风，请我们在火塘边坐下。他转身从一个极简的木架上取下一个小箱子，拿出一个泛黄的纸包。他缓缓打开，我们才看清那是一块茶砖。他架上锅，添上水，用刀撬下茶砖的茶。那茶颜色很深，与他那高原特有的肤色相仿。

茶放进锅中，渐渐发散出褐红的颜色，随着袅袅的水汽，煮不多会儿，茶香也溢满屋子。是普洱熟茶，裹挟着时光浸染的味道，也不知是陈了多少年。

我们曾以为，在藏族人民家里，酥油茶是再常见不过的饮料，随便到哪户都能端出来招待；可到了这荒野的小屋，才知这是他待客的贵重饮品。

加了盐，加了酥油，不久，一碗热乎乎的酥油茶就端到手上了。没有一丝修饰，再普通不过的碗，扎实的用料，带给你热量。滚滚喝下肚，一口，雪天的严寒就被冲散了；两口，暖了整个胸腔，身体也热乎起来。酥油茶原来有这样的魔力。

老人说，这茶是他去朝拜松赞林寺，在赶集时买的。那时他挖虫草有收入，就从摆摊的茶商手中以十多块钱买了这个茶砖，专门用来招待客人。只是他住在山林里，平时也没客人，很少喝，放到如今已经二十多年了。

我们与老大爷闲聊着山林里的轶事，话着家常，邀请他如果到昆明，一定要到我们的门店做客，可是他笑着拒绝。他自出生就在香格里拉，已经七十多年了，以前都是放牧，后来跟着挖虫草，这几年不挖了，做了守林人……

轻松的交谈还继续着，但我们心里实则有无尽的唏嘘。一个再普通不过的涉藏地区老人，年迈的他选择与这片生养他的森林相伴。他曾从这里获取，如今他又将这里守护，世间轮回或许就是如此。

他因怀疑我们的身份而靠近询问，但看出我们不是偷猎者，又邀请我们到家中喝茶，拿出的是上好的茶。

我们无法邀请他到昆明家中做客了。他的一生都属于香格里拉，他不会离开，这是他的信仰。

自驾游永远在路上，不论是风景还是当地的人，我们都带不走，但这份诚挚的情意和他的坚守，始终留在我们的记忆里。

人在路上，他乡的茶是未知的、苦涩的，但也饱含着这尘世的人情味，让你忍不住驾驶着去往更远的远方，好奇下一杯茶，又会有怎样的故事？

物质形态的茶是茶文化重要的载体，如果没有作为植物的茶、作为饮品的茶、作为农作物的茶，那茶文化也将无从谈起。

一杯好茶，涉及整个生产过程中的各个方面，包括茶树种植、茶园管理、茶叶加工，也涉及茶叶的品鉴。而要喝懂茶，则是一个系统性的工作，需要对茶的知识有一个系统的认识和积累。

热爱茶的人，会热爱茶的不同的方面。从越陈越香的概念流变，到野外艰难的古茶树考察，用双脚去丈量中国古茶树的分布，再到普洱茶加工细节的辨析、岩茶加工细节的辨析，是热爱，让他们不断去思考茶的细节，从不同细节里去发现不同的美。

茶的物质

好茶本天成·妙手亦自得

云南茶树种质资源考察回顾

虞富莲

1939年生，中国农业科学院茶叶研究所研究员，茶树种质资源研究资深专家。主持多项国家和部级重点科技项目，获国家科技进步二等奖一项。编著中国第一部古茶树专著《中国古茶树》。享受国务院特殊津贴。2019年获中共中央、国务院、中央军委颁发的"庆祝中华人民共和国成立70周年"纪念章。

云南是植物王国，也是茶树王国，茶树种质资源的多样性举世闻名。20世纪80年代初，农业部要求对云南的茶树品种资源进行普查，一是为了摸清茶树种质资源家底；二是为制订茶叶生产规划、振兴茶产业提供基础资料。在云南省农业厅、省外贸厅和省农业科学院的主持下，由中国农科院茶叶研究所和云南省农科院茶叶研究所科技人员以及州、市业务部门组成的考察队，从1981年起，历时4年，对全省的15个州、市61个县（市）的茶树资源进行了考察和征集。考察队多次跋涉在高黎贡山、无量山、哀牢山、乌蒙山间。他们本着"路漫漫其修远兮，吾将上下而求索"的精神，风餐露宿，历尽艰险，为摸清和收集云南茶树资源做出了重要贡献。三十多年过去了，他们中有的已作古，有的已至耄耋之年，也有的是年过半百。现撷取几个考察片段写成散记，以飨读者。文章以实写景，以景叙茶，以茶寓意，读来会耐人寻味。

在高黎贡山的密林中

高黎贡山是横断山脉西缘的主体，横亘于中缅边境。山势高矗，山川相依，怒江、澜沧江相间排列，奔腾南下。1981年10月10日，由腾冲县（现腾冲市）固永公社副主任、全国民兵英雄、傈僳族同胞蔡

1981年，在瑞丽江畔（左起马生产、谭永济、陈炳环、虞富莲）

大双带我们前往灯草坝。一个多小时后，我们便进入人迹罕至的原始森林。这里古树参天，树木葱郁，路狭坡陡，光线黯淡。老蔡不时用户撒刀“披荆斩棘”。傈僳族同胞吃苦耐劳，爬山如履平地，尽管我们走得气喘吁吁，还不时掉队。时过中午，我们进入密林深处，已陆续发现有零星的野生茶树大理茶（*C.taliensis*）。大理茶是 W.W.Smith 在 1917 年将大理感通寺的茶树作为模式标本来定名的，实际上，它的主要分布地在怒江、澜沧江流域的腾冲、龙陵、昌宁、永平、芒市、陇川、凤庆、永德、镇康、双江、景东、宁洱、勐海等哀牢山、元江以西的 20 多个县（市），在滇西统称为“荒野茶”或“报洪茶”。在 20 世纪五六十年代茶叶紧缺时，大理茶都由下关茶厂加工成边销茶销往康藏等地；近年来已很少采制，但当地群众和驻边部队仍在饮用。不过，村民饮用时先将茶叶用火烤过，或者用含有石灰汁的水泡饮，据说这样不会肚痛。

据县外贸局张副局长说，20 世纪 50 年代初期，省里曾提出“砍掉一株宝洪茶，扩种勐库种，等于杀死一个美国佬”的口号，意在推广良种。难怪在林中，我们不时见到被砍倒的茶树。正当大家为这些大理茶的未来担心时，县农业局的邓永流同志拣来了一些茶花和果实：花冠直径达 13 厘米，花瓣数多，瓣质如绢，子房披毛，属于大头茶［*Polyspora axillaris*（Roxb）*Sweet*］。大头茶与大理茶虽一字之差，但却是同科不同属的植物。大头茶含有较多的酚酸物质，咖啡碱含量极少，不能饮用。

但其树干高大挺拔，花瓣如凝脂，果形像橄榄，种子细小有翅，在山茶科植物中是绝无仅有的。如今，当年用扦插苗种在勐海大叶茶树资源圃的大头茶已长成参天大树了。

晚上，县城恰巧有傈僳族同胞“上刀山下火海”的技艺表演，大家不顾一天的劳累前去观看。只见广场中间竖着十多米高的木梯，梯子的横档全是闪闪发亮、刀口向上的户撒刀，一位傈僳族壮汉光着脚板，踩着刀刃，一步一步爬到梯顶，在高空做了几个翻滚动作后仍踩着刀口返回地面，脚板底居然没有一丝伤痕，直看得我们目瞪口呆。更令人心惊肉跳的是，一位五十多岁的老汉领着技艺队的成员光着脚从熊熊燃烧的火塘里趟过去，并用双手捧起一把红红的炭火洗脸，也居然毫发无损。这个“上刀山下火海”完全是真实的表演，我们无法知道是否内藏玄机，但有一点是肯定的，傈僳族同胞经历长期的山野生活，练就了一副刚强的体魄和一种无畏的精神。

专访“日本茶”

龙陵是滇西有名的雨区。1981 年 10 月 14 日，天空难得放晴，饭后，我们由县外贸局的人员带往赧场戴家坡考察“日本茶”。在龙陵有“日本茶”，大家不免感到奇怪，便请公社茶叶专管员戴得彩做了介绍。原来，在第二次世界大战期间，日本为实现全面侵占我国的野心，一面从正面战场推进，一面从缅甸包抄滇西，龙陵便是最早受其侵害的县之一。现今沿着滇缅公路从黄草坝到大坝茶厂一带，都是当时的战场。只是由于中国军民的浴血奋战和怒江天堑的阻挡，才使日军举步维艰。怒江在龙陵段并不开阔，江水表面平静，但江底水流湍急，犹如千军万马。据说，日军用了五十多辆装满石块的汽车填江，都被冲得无影无踪。中日双方隔江对峙数年。也许出于侵华日军的饮茶需要或其他目的，1943 年，日军从缅甸带来了茶籽，并强迫群众栽种。于是每户分得一碗茶籽。戴家坡这八九株茶树就是戴得彩亲自种的，那时他才 12 岁，如今已 50 岁了，从树龄看也大体相符。茶树属小乔木型，高 2~3 米、干围 20 厘米左右，叶色绿黄，嫩芽绿带微红、多毛，制红、绿茶品质

1975年，日本京都附近的宇治茶园——弘益大学堂中国茶书房馆藏

皆优。显然，这与云南广泛栽培的“云南大叶茶”很相似。

在龙陵县龙山公社茶园坡、平达公社小新寨、腾冲县（现腾冲市）上云公社文家塘、梁河县卡子公社白马头寨、芒市中山公社官寨都有“缅甸大山茶”。其形态特征与“日本茶”和双江勐库大叶茶相似，也可能都是从缅甸来的，只是叫法不同而已，属普洱茶种（*C.sinensis* var. *assamica*）。令人困惑的是，不论“日本茶”或“缅甸大山茶”其原产何地，是否“出口转内销”？自然一时无法考证清楚。不过，由此看出，普洱茶已是广泛栽培的茶树种了。

瑞丽江畔的白茶、青茶和黑茶

“我住江之头，君住江之尾……”陈毅元帅一首脍炙人口的诗已使人们对边境小县瑞丽十分向往，再据德宏州外贸局郭少剑同志说瑞丽产有白茶、青茶和黑茶，更显得神秘。所以，我们在结束了龙陵等地的考察后便驱车南下。车出了芒市坝后三小时，我们便到了畹町镇。畹町镇小名气大，一是它是著名滇缅公路的终点，二是畹町大米名扬天下。镇上有几十家商铺，两条街道十字形交叉，镇南有一架十几米长的界桥，桥畔设有海关和边防站。不过，街上行人并不多，商贸气氛也不浓厚。过了畹町镇，公路两边只见绵延不断的甘蔗园和稻田，傣族竹楼错落有致地点缀其中，楼舍与凤尾竹、芭蕉、椰子树浑然一体，勾勒出一幅幅旖旎的南国田园景色，让我们这些“北方人”陶醉其间。

1981 年 10 月 25 日，我们终于来到了中缅界河——瑞丽江。江宽不到1千米，水流湍急，隔江可望见缅甸南坎渡口几幢铁皮小屋，几个“胞波”少女正在水中嬉戏；一只只乌篷小船满载着牛皮、木棉、米干等从对岸划来，接着又从我方运去球鞋、棉布、电池等日用品。据县外贸站小罗（景颇族）说，两国边民可自由往来，互通货币。缅方有时也将茶叶运到这边投售，不过，他们的茶叶是用开水煮沸过后再揉捻、晒干而成的。用开水“烫青”是缅甸人的加工方法，但茶叶色泽黝黑，少见白毫，香气较低沉。

瑞丽地势低平，县城海拔只有776米，气候炎热，阳光充足，年平均气温高达20℃，常年不见霜雪，特别适合橡胶、咖啡、胡椒、砂仁等热带作物生长。山区也非常适宜栽培茶树，但因可种植作物种类多，劳动力不足，茶叶成不了重点产业。我们所见的茶园都是历史上留下来的，品种还是早年从昌宁、临沧等地引进的。因芽叶毛多，制成的茶叶满披白毫，故称“白茶”。

10 月 26 日，我们前往“青茶”和“黑茶”的主产地弄岛公社等嘎大队。这里是景颇族聚居区。在坡顶草屋旁，我们找到了两株“青茶”，大的一株高 5 米，干径为 43 厘米，子房无毛（秃房），柱头 3 裂。之后我们又到紧邻中缅边境的腊毛朵村看“黑茶”。从形态特征看，“黑茶”与“青茶”并无大的区别，因芽叶和叶片都无茸毛，制成晒青茶

印度的景颇族人在煨茶水

色泽更显黝黑，故叫“黑茶”。“青茶”由于芽叶有白毫衬托，晒青茶稍显青绿，故名。这些都是从制成的茶叶色泽来分的，实际上“青茶”和“黑茶”在分类上都属于德宏茶种（*C. dehungensis*）。

据腊毛朵村民介绍，这里的茶树是早年的德昂族所栽的。据《云南各族古代史略》载：“崩龙族（德昂）和布朗族统称朴子族，善种木棉和茶树。”还有资料称“崩龙族（德昂）和布朗族是云南最早的土著人——濮人”。濮人原来居住在元江一带，后逐渐南迁，汉晋时已散居到现今的德宏、保山、临沧、西双版纳等地。在德昂族居住过的地方都长有茶树，说明他们是最早栽培利用野生茶树的民族。由此看来，“濮人是云南种茶的祖先”的论点是有根据的。

众所周知，茶树的原产地在国际上已争论了一个多世纪了。它不只是个学术问题，还是个涉及民族自豪感的问题，因发现和利用茶树是对全人类的贡献。所以在这里，还得讲讲云南景颇族与印度阿萨姆茶的渊源关系。2005 年 3 月 20 日，在“中日茶起源研讨会”上，日本著名学者松下智先生认为茶树原产地在云南的南部，并断然否认印度阿萨姆的萨地亚（Sadiya）是茶树的原产地。20 世纪六七十年代以及 2002 年，松下智先生先后 5 次到印度阿萨姆地区考察，未发现当地

在哀牢山上（左起邓光荣、虞富莲、王丕祥、矣兵）

有野生大茶树，而其栽培茶树的特征特性与“云南大叶茶”相同，属于普洱茶变种。更令人惊讶的是，他认为阿萨姆栽培的茶种是早年景颇族人从云南带去的。第一，伊洛瓦底江上游的江心坡地带（与今云南怒江州接壤），在中缅边境调整前属于中国，当时从云南到印度不需要经过第三国或绕道西藏，且印度阿萨姆的萨地亚离云南西北部最近，景颇族又主要居住在滇西一带，这样景颇族的迁徙完全是有可能的；第二，现今阿萨姆地区从事茶树种植业的乡民多为景颇族后裔，他们仍保留着云南景颇族的民居和着装，尤其是饮竹筒茶的方式与云南一样；第三，当地居民亦有着嚼槟榔的习惯，而嚼槟榔是景颇族的一种嗜好，且竹筒茶与嚼槟榔还有着密切关系。

凤庆茶香（乡）

人们一喝到红茶就想到滇红，一谈到滇红就想起凤庆了。凤庆红茶以其金毫润身、汤色红艳、香气浓爽、茶味隽永闻名遐迩。我们到凤庆考察已是1981年的深秋了。当车行驶在凤山公社安石一带时，仿若置身于茶海之中，真有“山叠山来山接天，千亩茶园插云间，举首眺望黑山顶，错把茶姑当天仙”之感。

凤庆县位于无量山西部，澜沧江横贯其东北部，属南亚热带和中亚热带季风气候，冬无寒冷，夏无高温，是典型的“四季如春”的气候。茶园大都处在海拔 2000 米左右的高山上，在栽培茶园的平均高度方面可谓是全省之最了。“凤庆红茶天下誉”还有一个重要原因，那就是有优良的品种——凤庆大叶茶。其形态特征与勐库大叶茶相似，群体中包括黑大叶、长大叶、卵状大叶、筒状大叶、枇杷状叶等多种类型。据安石村村民说，这里的茶树品种是上代从勐库带来的，当初叫原头子茶（意即从勐库进来的原种），年代久了，后人遂称作凤庆大叶茶。1985 年，其与勐库大叶茶、勐海大叶茶一起被认定为国家品种。

凤庆大叶茶群体中有许多优良的单株，1978 年，县茶厂建立的茶叶试验站，从本地资源中选育了凤庆 1 号、3 号、8 号、9 号、11 号、清水 3 号、奶油香茶等单株。其中的凤庆 8 号制红碎茶具有肯尼亚茶的风格；清水 3 号是高香型茶；奶油香茶据说有奶油香味。为识“庐山真面目”，11 月 15 日，我们来到了清水村进行调查。在一池塘边生长着一株树高 6.3 米、干径为 28 厘米的茶树，这就是奶油香茶。虽其

香竹箐大茶树祭祀

貌不扬，但制成的红碎茶确是汤色红亮、香气高锐、滋味浓爽，可并无明显的奶香之感。

凤庆县在 20 世纪八九十年代的野生茶树补充调查中，又相继在腰街镇和小湾镇发现了本山大茶树和香竹箐大茶树。前者高 15 米，干径为 1.15 米，可惜于 1999 年自然死亡；香竹箐大茶树高 9.3 米，基部干径为 1.85 米，无主干，基部有 12 个分枝，当地当作“茶王树”祭祀，每年都要杀猪斩鸡，顶礼膜拜。

郭大寨公社是彝族支系俐米人的聚居区之一。俐米人好茶嗜酒，饮茶是他们的重要生活内容，有古老的“百抖茶”和家家都饮的“竹筒雷响茶”。因时间紧，我们无法领略这两种茶的炮制方法和茶的味道。不过，我们却意外地见到了俐米人的婚礼茶。原来，在公社驻地有一农户正好娶儿媳，晚饭后，公社干部拉着我们去观婚礼。主人见我们是远方客人，忙着给每人端上一碗“甜茶”——绿茶中加炒熟的核桃肉、花生、芝麻和红糖等，虽香味四逸，但茶味甜中带涩。据介

绍，俐米人的婚礼茶有三道，在新娘迎进门后，先后泡上“竹筒雷响茶”“甜茶”和“竹叶水茶”，寓意同甘共苦，先苦后甜。我们自然是享受“甜茶”的礼遇了。

老山茶

一提到“老山”，谁都知道那里发生过“老山战役”，但不会注意老山茶树。1982 年 10 月，我们来到边境小县麻栗坡。1980 年，对越自卫反击战中著名的“老山战役”和“扣林山战役”都在县境发生，为此，麻栗坡成了国人关注的地方。我们来到时，硝烟已散去，生活和生产活动都有条不紊地进行着，显得十分安谧。麻栗坡的茶树主要生长在中越边境一带，由于战事已息，我们决定前往坝子公社（现为猛硐瑶族乡坝子村）考察。

10 月 19 日，吉普车沿着崎岖的山岭奔驰着。临近公社时，只见军车穿梭往来，军用帐篷星罗棋布，部队正在紧张地进行操练，气氛与县城迥然不同。县外贸站的老李指着对面的一块高地说：“那里就是老山战场，由于我军智勇双全，速战速决，一举夺回被敌人占领的高地，才使边境老百姓得以安宁。”我们伫立远望，只见山脊后面已盖起了新的楼房，一条新的公路蜿蜒地通往军营。午饭后，我们即驱车去铜塔大队，下车步行一个多小时便到达目的地——小南坪哨所。哨所是最前沿的监视哨，设在山巅，与越方山头遥遥相望，空间距离约 5 千米，山间有一宽数百米的坝子，对边山麓有一村寨，原住着我方几户边民，现已人走楼空，寨子旁长着的茂密茶树亦无人过问。据老李说，那里有 1000 多亩茶园，往年每年可收几百担茶叶，现在是片叶不能采。坝子那边的茶园是可望而不可及，我们只得到哨所背后的坡下茶园调查。路上向导一再叮嘱，要跟着他的脚印走，因周围布有地雷，我们自然不敢“越雷池半步”。这一坡地有三四十亩茶园，是早年瑶胞所栽，树龄约百年，单株种植，行株距 4~5 米，小乔木型，树高 3~4 米，树干粗 20~30 厘米，树冠多成平顶状，芽叶茸毛特多。它与“云南大叶茶”的最大区别是花小、花瓣和萼片均有毛，在分类上属于白毛茶（*Camellia*

1号野生古茶树的中段

sinensis var. *pubilimba*），当地用来制作最初级的大叶晒青茶。

众所周知，动植物的自然分布是没有国界的，与麻栗坡山水相连的越南是否也有白毛茶？这个疑问直到26年后才有所明了。因为，笔者应越南北方农林科学院之邀，于2008年10月1日到越南河江省河江市方渡乡那他村作了考察。该地海拔600米，到越方清水口岸（对面就是我方麻栗坡天保口岸）约半小时车程，与坝子白毛茶产地直线距离不到40千米。茶树零星生长在房前寨后，以后山坡较多，没有株行距，树龄约百年。从树型、树冠形状、叶片大小和芽叶色泽等看，其与麻栗坡白毛茶很相似，但花较大、花瓣、萼片均无毛，属普洱茶种，显然与麻栗坡白毛茶不是“同种同祖”。村主任黎文平也不清楚当地茶树的来源。不过，采制方法却与坝子白毛茶大同小异，晒青茶显得粗大黝黑，口味没有“云南大叶茶”浓厚。

我们在河江市近郊顺便参观了成山茶叶公司绿茶厂。据老板语学成说，这里山上的大茶树很多，制茶品质好，成品茶多数卖给中国。说着，他领我们看了茶树锯板，说这还不是最大的，不过，也有一百多年树龄了。

产金产茶的老君山

据说“老君山”原叫“老金山”，意出产金子的山。金山易为人垂涎，抢挖金子，故后改名“老君山”。在麻栗坡、文山、马关等县（市）都有老君山。老君山有色金属蕴藏极为丰富，除金矿外，还有锑、钨、铜、锡等18种矿产。所以，滇东南一带是我国有色金属重要的产地之一。麻栗坡老君山位于与马关县交界的一片原始林中。1982年10月21日，我们来到老君山林场。场里的职工说，山中野茶很多，以往每年都派人上山采茶，1974年曾采制了24担干茶。但山高路远，很易迷路，林场特地派了职工带领我们上山。

场部的海拔1300米，但进入1700米以上的密林后就无路可循了。林中阴湿朦胧，参天的乔木大树上满是藤萝缠绕，这里的植物种类很多。老陈是林场老技工，50多岁，对树种非常熟悉。他一路披荆斩棘，为大家带路。途中，我们遇到了一堵必须跨越的嶙峋山岩。大家照老陈一样抓藤攀枝，但时不时还是有人摔倒，有的滑到几米远开外，小矣打了补丁的裤子又开了“天窗”（那时没有专用考察服）。我们就这样艰难地走着，直到在1900米处的栎树和杜鹃树间发现了几朵茶花。这株大茶树，高15米，树干粗1.08米，最低分枝高7米，下部枝干光秃。场里的小何爬到10多米高的树顶采回了标本。林中的野茶呈零星分布，但开花的多，结果的少，叶长15~18厘米，花瓣有10~13瓣，花冠直径为6~7厘米，萼片和子房都无毛，柱头5裂，经后来鉴定是属于广西茶种（*C.kwangsiensiss*）。该种主要分布在广西的田林和云南的西畴等地，在进化史上是最原始的种之一。这次在老君山发现颇有意外，这对研究茶树的起源传播非常有价值。在整理标本时，老王在周围草丛中偶然发现了许多果皮被咬破的茶果，据说是猴子咬的。这样，我们无意间找到了猴子传播茶树的证据——猴子采茶果，咬一个，丢一个，就这样扩大了茶树的传播范围。

盛产天麻的镇雄

镇雄县是昭通地区茶叶主产区，茶园一般分布在海拔 800~1300 米的山地。1974 年，镇雄县曾被列入全国一百个重点产茶县。在与彝良县交界的杉树公社的大保沟、官房、瓦桥、细沙大队以及罗坎公社大庙大队等地，也有古茶树分布，当地称其为大树茶或“老人茶”，意与老人一样。1983 年 10 月 16 日，我们到杉树公社的大保沟考察。该古茶树长在河谷地，海拔 1025 米，树高 8.7 米，干径为 42.0 厘米，平均叶长 19.4 厘米。在滇东北高寒地区有如此大的叶片，令人出乎意料。经鉴定，属秃房茶种（*C. gymnogyna*）。据同来的县外贸站谢兴福说，这株茶一年可采制 68 斤干茶。别看叶大，与临沧、双江等地的大叶茶不一样，涩味重，口感差，所以没有繁殖推广。生产上主要种植中小叶群体品种——当地叫阳雀茶、圆茶、黑皮茶、甜茶、藤茶等。第三天，我们来到五德公社大水沟村考察阳雀茶。这是典型的灌木小叶品种。我们在一农户家品饮了一下采制的绿茶，尽管采制粗劣，但茶味浓醇，具有云贵高原绿茶的风格。

雨河公社，山高林密，是天麻的自然产地。我们在考察完后，顺便访问了创业茶场。该场存在资金不够、劳力不足、管理不善等问题，产量低，场员生活艰苦。我们来到这时，一位姓蒋的老员工正在吃饭，饭是煮洋芋，菜是辣子炒洋芋。他说，在 20 世纪 60 年代的“三年困难”期间，就连洋芋都吃不饱，大家只好到山里挖天麻当洋芋充饥。我们听了，大为不解，野生天麻是珍贵药材，何不卖了再买粮食？对方说，这里野天麻很多，也不是很值钱，再说，当时普遍饥荒，顾肚子要紧。不过，事隔多年后，野生天麻成了珍贵药材。他们用天麻轧成颗粒与绿茶拼和制成保健“天麻茶”，我曾获赠饮。由于是机械混合，茶和天麻“各行其是”，未必能起到综合效果。

在黄泥河两岸

黄泥河是滇、桂、黔三省区的界河，富源、罗平和师宗县分别与贵州的盘县、兴义，广西的西林县接壤。建成于20世纪90年代的著名鲁布革水电站就在黄泥河上。

大凡茶产业与当地饮茶习惯有着密切关系。曲靖地区是云南重要的工业和煤炭基地，但与文山州、红河州一样，饮茶习惯不像滇西那么浓厚，所以较少看到大片的栽培茶园。曲靖地区八大产业中没有茶叶，一是低温、干旱不太适宜种茶，二是群众一般不喜欢喝茶，所以茶叶只求自给自足。不过，在富源、师宗等县，集中生长着茶树进化史上最原始的茶——大厂茶（*C. tachangensis*）。

1983年10月20日，我们与地区农业局、外贸局考察成员一起来到富源县。这里属于乌蒙山系，山体已明显低缓，南部的十八连山是自然保护区。野生茶树主要分布在东西长7千米、南北宽3.25千米的黄泥河公社的嘎拉、普克营、细冲、鲁依，十八连山公社的岔河、阿南和老厂公社的老厂等。10月24日，在县茶桑站张升权站长等的带领下，我们来到黄泥河公社普克营村一个叫上大洞的地方。大队罗书记介绍说，从上大洞到安阳沟都有大树茶，以安阳沟为中心的1千米范围内最多，高3～4米、直径为10～20厘米的树到处都有。在一小山包上，零星生长着几株茶树，其中一株高7.5米，叶片特大、有光泽，叶厚富革质，嫩枝、芽体、叶片、萼片、花瓣和子房都无毛，柱头5裂，是典型的大厂茶。 10月24日，我们到了老厂公社老厂大队陆家槽子。这里海拔达2080米，冬天天寒地冻，但茶树与临沧、西双版纳的一样树高叶大，显然抗寒性比滇西“云南大叶茶”强。这株茶树虽然高只有7.6米，基部干径为51厘米，可创造了三个之最：一是叶片特大，最大叶长19.2厘米，可谓是滇东的最大叶片；花冠特大，最大冠径为8.6厘米

冰岛老寨茶山远景

南糯山古茶园的古茶树

×8.0厘米，是迄今见到的唯一“花王”；花柱7裂，可谓是全球茶资源中花柱裂数最多的了。不过按它的形态特征看还是属于大厂茶种。

11 月初，我们辗转到了师宗县。途中，地区农业局小吴开玩笑说，师宗县城又旧又小，民国年代流传着一句顺口溜：“堂堂师宗县，衙门像猪圈，大堂打板子，四门都听见。”不过到达后发现，这里并不是想象中那么差，还是有着一些现代的建筑和生活气息，毕竟中华人民共和国成立已有 30 多年了。

师宗是 1980 年云南农业大学张芳赐教授将师宗大茶树定名为大厂茶（*C.tachangensis* Zhang）的地方。11 月 3 日，我们与县茶桑站但加义副站长直奔大厂茶的产地伍洛河公社（现为五龙壮族乡）大厂村。

该地海拔 1650 米，在一户叫邵小柱家的院子里生长着一株树干挺拔、树高 11.2 米、干径为 63.1 厘米的大茶树，其叶大富革质，芽叶无毛，花冠特大，花瓣为 10~12 瓣，柱头 5 裂，子房无毛，果柿形，种皮粗糙，这就是张芳赐教授定名大厂茶的模式标本。主人知道这株树非同寻常，在树周围砌起了石坎加以保护。可是，由于这株树长在人畜频繁活动的场所，再加上采摘过度，不幸在时隔 12 年后的 1995 年死亡。在离该株茶树不到 10 米处生长的另一株高 12.0 米、干径为 67.0 厘米、性状完全一样的大茶树，因生长在较隐蔽处，想必保留了下来。据老邵说，大茶树制烘青茶，口感没有小叶茶好。原来在新庄科和高良公社笼嘎等地还生长着灌木中小叶茶，估计是早年“湖广造纸人”带来的。据“七五”期间对大厂茶的生化测定，春茶一芽二叶含氨基酸 2.9%、咖啡碱 4.0%、茶多酚 28.1%、儿茶素总量 3.2%，其中 EGCG（表没食子儿茶素没食子酸酯）含量只有 1.46%，儿茶素和氨基酸含量偏低是导致其香味淡薄的重要原因。除大厂村外，还有南岩大队及高良公社的坝林、笼嘎、纳非、羊街等都有大厂茶生长。

大厂茶尽管制茶品质不好，但在研究茶树演化和区系分布上有着重要价值。张宏达和闵天禄教授都把它列为茶组中最原始的种之一。据笔者后来考察可知，大厂茶在邻近的广西隆林县、贵州黔西南州的兴义县、普安县、晴隆县以及黔南州的贵定、平塘、惠水等地都有分布。由于地理位置闭塞和存在生殖隔离，大厂茶的表现型比较纯合，是遗传性最稳定的种之一。为此，有学者认为，滇桂黔边区是茶树地理起源的核心区。

在滇东和黔西南一带多见“大厂”“老厂”“纸厂”地名，实际上这些地方并没有工厂。滇黔两地的一致说法是，明末清初，逃难的湖广人，在山箐僻野建土坊造纸，以度生计。因此，凡建纸厂的地方，就称“× 厂”，一直沿用至今。

在回曲靖的路上发生了一件意想不到的事：我们的吉普车在下坡时，前左轮突然掉落并滚出几十米，车子因此侧翻，好在有坡壁卡住，未酿成大祸，我和小马等只是受了挫伤。事发后，驾驶员王师傅嚷着：“这车车祸后刚修理不久，我说不能出来跑考察，可单位里没有车子换，如果往另一侧翻下陡崖，我们很可能都要‘光荣’了。”在那车少汽油凭票供应的年代，地区能配备一辆吉普车对我们的工作已很支持了，我们哪里还会抱怨。

远眺澜沧江

情南古道行

大理白族自治州地处横断山脉南端，境内山脉属于云岭和怒山山系。中部的点苍山高3000~4000米，最高峰海拔4120米，它将全州分成多种不同的自然环境：东干西湿，南暖北凉，低热高寒，形成独特的滇西高原气候。大理州在云南虽然属于高纬地区，但海拔1700~2000米的山地都适宜茶树生长。全州12个县中有9个县产茶，其中以南涧、永平和下关为主产区，茶树资源也比较丰富。

下关又称风城。从下关出发，沿着西洱河峡谷西行，两边是陡峭的山岭，更有种风吼声、水流声声声震耳的感觉。西洱河流入澜沧江，河水湍急，现今已利用落差建起了三级水电站。水轮机建在山洞里，外面见不到厂房，听不到机器声。沿着滇缅公路车行三个多小时便来到了大理州西南部的永平县。县的中西部有云台山、情南山。澜沧江从西境流过，江上有兰津大渡，为汉武帝时所建，元代建有木桥，明代改建为铁索桥。这是古时从大理通往缅甸、印度的要道——著名的“情南古道”，其政治、经济地位十分重要。

永平县历史上以产“回龙茶”著称，产地南起水泄彝族乡回龙，北至厂街彝族乡松坡，紧靠“情南古道”。1984年11月8—10日，在县农工部和茶叶公司同志带领下，我们前往水泄乡考察。先乘车到厂街，再步行60千米，途中要翻越海拔2400米的“四气岭”——意即山高岭峻，非要休息四次不可。“四气岭”的确名不虚传，坡又陡又长，沿途人迹罕见。满山长着云南松、杜鹃和黄草（草本药用植物）。时值深秋，杜鹃正开着鲜艳的花朵。经过三天的跋涉，最后翻越一座高2570米的“菜籽”垭口才到达水泄。期间曾先后考察了大河沟、狮子沟、蕨坝山、瓦厂和回龙等地。这一带都长有大理茶，树高一般在5~7米，干径在30厘米左右。在大河沟发现的一株高10米、干径为1.07米、长势旺盛的大茶树，可谓是大理州目前发现的最大茶树了。不过，从大理茶一般生长在村庄附近及有一定的株行距来看，它很可能是早年从山里挖来所栽的。此外，在核桃坪和瓦厂一带还有从勐库引进的大叶茶和来源不明的苦茶。苦茶味苦，形态同中叶种茶树，可能是中叶种与其他种的杂交后代。通过考察，我们初步明了“情南古道”的茶树资源同样是以大理茶为主。所谓“回龙茶”，实为大理茶所制。

“情南古道”早在汉代时就与四川的灵关道和朱提道连接，古称“蜀身毒道”（蜀为四川，身毒为印度）。这是一条南方丝绸之路，它比河西走廊的丝绸之路还要早200多年，只不过知道的人很少。问题是古时既然有这么一条重要的通道，但是从未见有茶叶从这一途径运输的记载和遗存。据此分析，滇西一带的茶叶和茶种很可能是循着后来的“茶马古道”运往国外或是通过少数民族的迁徙传播出去的。

寻访感通寺

大理感通茶历史久远，据明代冯时可（约 16 世纪）《滇行记略》载：“……感通茶，不下天池伏龙，特此中人不善焙制尔……”在明

每年春茶季茶农都为采茶而奔忙

末季会理整理的《徐霞客游记》中载："感通寺茶树皆高三四尺，绝与桂相似，味颇佳，炒而夏爆，不免黝黑。现在三塔之茶皆已绝种，惟上尚存数株。"另在民国初的《大理县志稿》中亦写道："感通茶出太和感通寺，感通三塔皆有，但性劣不及普茶。"此外，在清檀萃的《滇海虞衡志》和师范的《滇系》中对感通茶都有所记述。这些似乎都表明，感通茶的品质不算优良。以上是其一。其二，感通寺的茶树还是大理茶（*C.taliensis*）的模式标本树，原来 1917 年 W.W.Smith 就是以感通寺的茶树来定名大理茶的。为探个究竟，1984 年 11 月 30 日，我们来到了这里。

感通寺位于洱海之西、苍山圣应峰南麓的幽谷中。从下关沿洱海西岸行驶十多千米，在古城大理南郊观音庵下车，再拾级而上便至。这里山麓一带地势平缓，多民居，除偶见少量的松树、低矮的野山茶和几小块新茶园外，几乎都是岩石裸露的荒坡。沿着蜿蜒小路走一个多小时才见树木茂密起来。在海拔 2300 多米的林荫中但见一山门，上面赫然写着 "感通寺" 三个大字。进得寺内只见红漆房宇数间，虽有清雅古朴之风，但没有画梁雕栋、飞檐拱顶的建筑。在寺的后院散落有致地栽着白花山茶、小叶杜鹃、兰草和灯笼花等。在院墙的东南角生长着两株挺拔的茶树，这正是我们要寻找的目标。经观察，一株高 3.2

米，主干直径为 23 厘米，花瓣较多，芽叶多毛，显然是栽培型的普洱茶。据说是清光绪年间从“六大茶山”易武引进的，树龄约八九十年。另一株高 6.8 米，主干直径为 32 厘米，叶片绿润光滑，花大瓣多，芽叶和嫩枝无毛，属于大理茶。这也可能是我们寻踪的大理茶模式标本，当时我们的喜悦之情溢于言表。而后，当家方丈又带我们在寺院周围转了一下，在院墙外还有数十株大理茶散生各处。据推测，寺院内外的大理茶很可能是早年僧人挖来野生茶苗所栽。

随后，我们又来到了附近的单大人村考察。据传，单大人村的“单大人”是 19 世纪中叶镇压李文学起义的清朝官吏，后因对朝廷的乖戾暴虐不满，遂到苍山偏壤中隐居。其村距下关约 5 千米，海拔 2400 多米，“单大人”原居荡然无存，仅有少量遗迹。村周围长着数十株大理茶，茶树有红芽、绿芽两种，果实较小，估计树龄在一百年左右。

从感通寺和单大人村的茶树来看，一是自然生长的大理茶，一是近代引进栽培的大叶茶，但都未见到中、小叶茶树。感通寺地处北纬 25° 35′，海拔 2320 米，这可能是大理茶分布的北界了。前面所提及的大理感通茶，很可能是用大理茶所制的。大理茶芽叶无毛，茶多酚、氨基酸等含量较低，古时采制粗放，夏季湿热，故会有“烛而夏爆，

不免黝黑”和“性劣不及普茶”之说。

大理茶这一物种虽然以感通寺的茶树特征为模式并以大理地名来命名，但它的主要分布区在高黎贡山和无量山的保山、德宏、临沧、普洱、西双版纳等所属州、市的20多个县（区），是分布范围最广的野生型茶树。从综合考察结果可知，大理茶的地域性分布非常明显，越过哀牢山、元江后，也即哀牢山以东已难见大理茶的踪影。因此，滇西和滇西南是大理茶的分布中心，哀牢山是它的分布东界。

独龙江探秘：话说独龙江

翻开地图，在云南省最西北隅一突出的狭长地带内有一弯曲的河流自西藏流入，流域不长，即由西南方向折向缅甸，汇入伊洛瓦底江上游恩梅开江，这就是鲜为人知的独龙江。这个位置异常偏僻、交通十分闭塞、人烟非常稀少的地方，近年来引起了许多科学工作者的关注，各种考察纷至沓来。作为茶树种质资源的专业考察，自然也盯上了这

冰岛湖远眺

块神秘之地。

贡山独龙族怒族自治县，在1984年只有29400多人，平均每平方千米不到7人，是云南省人口最稀少的县。它北接西藏察隅，西邻缅甸江心坡，处于青藏高原东南边缘、横断山脉中部。由于受到过第四纪冰川的多次侵蚀，很多地段残留着古冰川地形，如角峰、锯齿形的山脊、悬谷、碛石等。因此，山高、峰奇、谷狭、坡陡、径险成了其主要的地貌特征。怒江、独龙江在碧罗雪山、高黎贡山和担当力卡山的夹峙下奔腾咆哮，江岸奇峰突兀，峭壁千仞。这里交通非常不便。

青藏高原是欧亚大陆东南部的一个极其独特的自然地域和地理单元。所谓独特，就是四周有着差异极端悬殊、对比十分强烈的自然地域和气候带。独龙江正处于这个自然地理单元的边缘部分，特殊的地理位置构成了独特的气候区域，因此，这里就成为多种植物的汇集地。作为亚热带最常见的茶树，在这里有没有一席之地，它的物种和数量怎样，是否像国外学者所说的中、缅、印三国交界处的伊洛瓦底江上游是茶树的原产地？这些都是考察队需要解开的谜。

独龙江又称毒龙江，它的西部是 3 万多平方千米的江心坡，再往西便是印度的阿萨姆邦了。江心坡原为中国领土，1960 年中缅划定国界时划归缅方，现为缅甸碦钦邦。因而这里的资源更带有非同一般的价值。作为茶叶科技工作者，去揭开它的面纱，自然是义不容辞的。

独龙江探秘：走向独龙江

贡山县的茨开镇紧靠怒江边，海拔 1500 米。由县城到独龙江只有 60 多千米，但沿途是渺无人烟的原始森林，还要翻越海拔 3900 米的南磨王垭口，途中需宿营两次。考察队在县城备好了食品、压缩饼干（从部队营房用粮票洽购的）和炊具等行装，雇了 10 匹马，于 1984 年 10 月 12 日下午跟随藏胞马帮启程了。这天，蓝天白云，秋高气爽。一路上，峰回路转，景色绮丽，普拉河水湛蓝甘洌，响声不绝于耳。正当大家兴致勃勃地向前赶路时，马锅头忽然要在一个叫双龙的地方扎营过夜了。这里是一片刚收了苞谷的坡地，周围全是黑压压的森林，附近只有一两间破旧的茅舍，这可能是行程中的最后一个居民点了。在省茶科所老王的带领下，大家砍了些树枝铺在地上，草草野炊后就席地而睡了。在这天作被、地作床的野外，望着远处黑黝黝的山林，听着近处的虫叫蚱鸣，也别有一番情趣。可是好景不长，刚入梦乡，忽然雨起，且越下越大，大家无奈只得撑起雨伞，互倚着坐等天亮，此时，瞌睡、蚊虫一齐袭来，出发时那股冲劲一扫而光。刚露晨曦，大家便冒雨上路。过了普拉河后，大家便沿着一条依稀难辨的羊肠小道爬坡。这里山势陡峻，林海莽莽，坡越爬越陡，雨越下越大。时过日中，在一个叫祺区（过往马帮的歇脚地）的地方烧了水，每人吃了两块压缩饼干后继续赶路。雨下个不停，坡没完没了，“马路”上分不清哪是马粪、哪是污泥。由于体力消耗大，一个个拉开了距离，为了防止掉队，大家紧紧跟在驮马的后面。人越来越乏，山也越来越高，刚攀上一座峰，眼前又突兀冒出一个岩，真是永无止境。忽然，队前出现了一阵骚动，原来是我们雇用的一匹驮马趴下后再也起不来了。据说，这条路上每年有一千多匹驮马过往，摔死、累死的不下四五十匹。正当大家怜惜之余，附近林中忽而响起乌鸦的叫声，原来，它已想来啄食马尸了。这时的州外贸局杨士华同志示意大家赶快离开这里，因为乌鸦的叫声会引来林子里的豹子、老熊，这些野兽常会循声前来觅食，如果碰上，那就麻烦了。

林中的夜晚来得特别早。当晚，在海拔 3200 米的东哨所宿营，大家挤在一间只有半堵墙的马厩里，边烤烘淋湿的被褥，边吃着夹生饭（海拔高，饭煮不熟）。尽管水在山涧流，但山上水贵如油，大家顾不得满身污泥，躺下就睡了。

雨彻夜未停，早晨依旧狂风夹着大雨，为能在天黑前赶到下一个驻地，我们只得冒雨上路。由于体力还没有恢复，再加上海拔高，我们不得不放慢了速度。越过 3500 米后，我们几乎每走几十步就得停下猛喘几口气。乏力、缺氧、心悸，使年过半百的老陈望着 3900 米的南磨王垭口却步，但为了不连累集体，他还是一步步艰难地向上攀登着，最后在老杨的帮助下终于爬上了山巅。

翻过垭口，依旧是崎岖千山复千山，极目远眺，只见奇峰叠嶂，峰连巅接，山势更加险恶；立于危崖上，只听得数峰吼鸣，万流俱响，山谷回音，惊心动魄；循声顺流，只见涧水奔腾，曲折翻卷，以一泻千里之势直扑独龙江。原来，前方深山峡谷之中的坝子就是我们的目的地。又经过了一天半的跋涉，我们终于于 15 日中午到达了独龙江区政府。连续三天冒雨急行，人人腰酸腿疼，但大家还是会心地笑了。

由1500米的贡山县城上升到3900米的垭口，再降到1420米的独

独龙江上的藤蔑桥（1984）

龙江河谷，沿途可见到高黎贡山两侧明显的植物带分布，其垂直谱带是：2800米以下为青冈属、槭属、漆属、桦木属等常绿阔叶和落叶阔叶林；2800~3400米则以温带植物，如杜鹃属、忍冬属和常绿针叶林的冷杉、云杉、落叶松为主；3400~3600米左右是丛竹林；3600米以上则为高山灌丛草甸了。但沿途均未见到高黎贡山普遍生长的大头茶、柃木、木荷、落瓣油茶、怒江红山茶等山茶科植物。

独龙江探秘：独龙江有茶吗?

独龙江区政府所在地巴坡实际上是江边的一个狭长谷地，周围除供销社、银行、邮局、粮站、卫生所、学校和驻边部队外，没有居民，更没有商店。全区3000多人一年吃用的粮食、盐巴、酒、茶叶、布匹、日用百货等全靠马帮从县城运来。茶叶在这里也是必需品。20世纪60年代，这里曾试种过大叶茶，现长势旺盛，最大一株高达4.7米，干径为18厘米，但因缺乏栽培和加工技术，产量很少，每年都要购进几千斤的“小方砖”。

经与高德荣副区长和林业站孟国华副站长（他俩都是独龙族人，为方便工作，全起了汉人姓名）讨论后，大家决定由孟副站长领往马库乡考察。从巴坡去有15千米，先要过独龙江。原来江上架的是藤篾桥——桥面是用宽不到三个手掌的竹片或木板铺搭而成，两旁系以铁丝。人走在上面，上下晃动；望着咆哮的江水，令人头昏目眩，手脚发

产于贡山独龙族自治县马库一带独龙族代茶用的植物

软，不敢挪动一步。但当地学童过桥如履平地。前几年在下游建了钢索吊桥，可通行马帮了。过了桥步行半天后，便到达马库乡政府驻地——五间用竹子搭的“千脚楼”。这里海拔不到2000米，但周围山势巍峨，峰插云霄，整日云绕雾霭。10月20日午饭后，大家由向导独龙族人马果普领着，前往龙崩歇林中。这里没有一条平坦的路，有几处陡壁千丈，稍一失足，便成“千古”。经过一个多小时的连滚带爬，大家终于来到了密林深处，循着向导的指向望去，只见一株高8米、干径为2米的大树屹立在丛林之中，它开着白花，结着梨形球果，枝干上长满地衣苔藓。其叶长宽为14厘米×16厘米，叶片绿色，椭圆形，脉络突显，叶脉有13对之多，叶缘无齿或齿极浅，花乳白色，具有梨香味，花冠为5.0厘米×4.7厘米，花瓣为5~6片，花柱呈五角形，无歧，子房毛特多，果径为1.0~1.5厘米，果柄细长，种子有翅。从这些特征看，显然不是山茶属植物。据向导说，独龙族同胞就是采这种树叶当茶喝的。马库有一老人喝这种茶活到90多岁，孟国华说他父亲喝这种茶也活到94岁。看来，这种树叶能当茶喝，且对身体无害。因当时采不到样品，所以无法对其进行品质鉴定和生化成分分析。除这株树外，滴水岩还有从内地引进的“家茶”，因该处“瘴气”漫延，村寨搬迁，这些茶树也就成了“野茶”了。除此之外，再也没有见到野生茶树的踪影。

从巴坡沿独龙江溯流而上，一天路程便能到达布卡瓦乡。据说这里到西藏，步行只需要两天。虽然位置异常偏僻，但沿江两岸已无森林覆盖。问当地独龙族同胞，他们表示均未见过茶树，更不用说是野生大茶树了。

不过，他们喝的“茶”与马库的不同，一些名叫“匈茶”“欣冷”“革布”“夏依”（独龙族语）的枝叶根本不是茶树，全是流苏树和花楸一类的木本和草本植物。由此可见，独龙族同胞在找不到茶树，而经过多次尝试后才选用它们当茶喝的。顺便提及的是，有关文献中提到，缅甸的葡萄地方有茶树（葡萄种），该地距独龙江不到两百千米，可是对方边民有时也到我方购买方砖茶，说明沿中缅边境的缅方也不产茶。

往年的 11 月初就会雪封南磨王垭口，一直到翌年 5 月才春来雪融，所以考察工作必须在 10 月底结束。独龙江之行前后花了近三个星期，虽历尽艰辛，但收获颇丰。现在该回到本文开头所提及的问题上来了，独龙江一带有没有茶树？是否是茶的原产地？回答是肯定的，有茶树，但不是原生的，现在还找不到任何证据说它是茶树的原产地。

“六大茶山”疑惑

在 4 年的考察中，滇西的腾冲、滇中的元江、新平和滇东的红河等多个地方都讲他们的栽培茶种是从“六大茶山”引种的。那么，“六

大茶山”果真是云南栽培大叶茶的始祖地吗？在茶树基因组尚未建立、不能进行遗传因子鉴定的情况下，笔者在 21 世纪初又重访了“六大茶山”，以探个究竟。

众所周知，“六大茶山”主要位于西双版纳州勐腊县，由东向西为曼撒、倚邦、革登、莽枝、蛮砖、攸乐（属景洪市）六个村寨，因名声大，逐渐扩大到村寨以外的范围，但并不是六座茶山。

“六大茶山”处于北热带湿润季风气候区，连绵起伏的热带雨林苍翠葱郁，是茶树的最适生态区，茶树种质资源应该非常丰富，然而实际情况却并非如此：第一，没有见到（也未见过报道）野生型茶树，如大理茶、厚轴茶等；第二，物种少，除零星几株属于秃房茶（*C.gymnogyna*）外，几乎都是普洱茶种和茶种；第三，大茶树很少，目前最大的是易武乡的桥头寨大茶树高 16.5 米、同庆河大茶树高 14.5 米、落水洞大茶树高 7.2 米（2017 年 8 月死亡），均属于栽培型的普洱茶和德宏茶，不过，像这样的大茶树，在云南其他茶区十分普遍；第四，古茶园茶树树龄普遍较勐海的南糯山、云县的白莺山、澜沧景迈山、宁洱困鹿山、镇沅振太、景谷秧塔、双江冰岛、昌宁联席、腾冲大折浪等地的要小。我们无法确定“六大茶山”目前所见茶园的栽培时间，但可以看出它不会早于上述茶园。由此各地从“六大茶山”引种的说法便使人无法理解，究竟是谁向谁引种？之所以有从“六大茶山”引种之说，很可能是传闻所致，缺乏根据，其中不乏以讹传讹的情况。

此外，在倚邦的曼拱等地还多有中、小叶茶树。据曼拱村现任书记赵三民说，当地人多从石屏迁徙过来，已有 30 多代。据上代人说，这些茶种是从江西带来的。云南在明清时代确有大批“湖广人”（包括江西、江苏等）从内地迁来，其中有些人从事种茶业。据我们现场观察，茶树呈小乔木或灌木树型，叶片中等偏小，叶质较硬脆，嫩茎和芽叶普遍泛紫红色，茸毛少，节间短，与江西、湖南一带的茶树特征很相似，与云南大叶茶的差异很大，这很可能确实是“舶来品”。

从目前“六大茶山”的种质资源类型和特点来看，还没有充分的证据表明“六大茶山”是云南大叶茶的发源地。“六大茶山”的大叶茶又是从何而来的，也是史学家需要研究的问题。

结束语

20世纪80年代的云南茶树种质资源考察，不仅为摸清“茶树王国”的家底打下了基础，也为以后的考察树立了样板。诚然，这项工作是在各级政府的领导和业务部门的配合尤其是基层群众的参与下完成的，但不可否认的是专业科研人员是最重要的力量。为了不忘他们对云南种茶树质资源工作所做出的贡献，铭记他们的业绩，特将参加考察的科技人员名单列下：

中国农业科学院茶叶研究所：陈炳环、虞富莲、谭永济、马生产、杨亚军、林晓明、林树祺

云南省农业科学院茶叶研究所：王海思、王平盛、许卫国、矣兵、马关亮

“云南茶树种质资源考察回顾”是在事隔几十年后凭手头有限的资料和回忆整理而写，有些情节或人物可能有所出入，但无虚构之情，请当事人和读者体谅。

（本文转载于《中国古茶树》“云南茶树种质资源考察散记”，作者有所删节）

普洱茶风味轮

尚高德

弘益大学堂总教务长，弘益大学堂传统习茶法与冲泡技艺授修讲师。国家职业技能鉴定考评员，第一届、第二届中国普洱茶冲泡技艺大赛评委，云南省海峡两岸交流基地茶文化导师。华茶青年会副秘书长，《云南普洱茶》期刊特邀编辑。致力于茶汤风味美学和茶汤冲泡技艺的研究。

什么是风味轮？

风味轮是一个圆形的格状形式，将咖啡风味排列其中。为什么我们不把咖啡风味归纳成风味树谱，或者是风味金字塔，或者你想冒险尝试做成什么样子呢？这似乎与有史以来的第一个风味轮有关。有史以来的第一个风味轮是在 20 世纪 70 年代末，由化学家 Morten C. Meilgaard 博士与他的随从为啤酒的风味归纳的。而在 20 世纪 80 年代中期，加州大学戴维斯分校的 Ann C. Noble 依据上一个啤酒风味轮制作了红酒风味轮。

从那时起，其他行业也相继依照上两个风味轮制定了自己的风味轮，咖啡业也是其中之一。风味轮格子里的诸多词汇是用来对咖啡产品进行区分类别、咖啡培训规范化以及促进业内人士在感官和风味之间进行良好的沟通和架桥。咖啡风味轮将咖啡品鉴师、咖啡制作设备、咖啡出口商和进口商以及咖啡消费者们紧密地联系在一起，创造共同的语言进行良好的沟通，从而对咖啡这个客观的饮品，在主观上产生共鸣。

世界上关于威士忌品鉴的第一套系统方法，是由爱丁堡彭特兰苏格兰威士忌研究所（Pentlands Scotch Whisky Research，即现在的苏格兰威士忌研究协会“The Scotch Whisky Research Institute”）的科学家

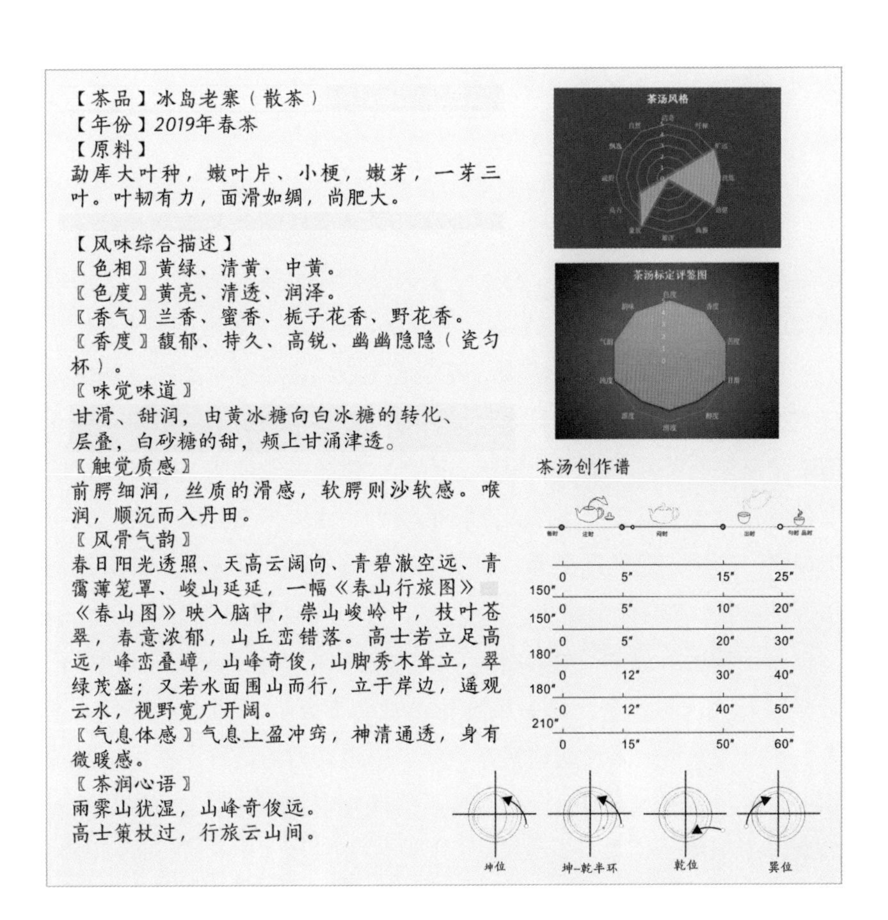
【茶品】冰岛老寨（散茶）
【年份】2019年春茶
【原料】
勐库大叶种，嫩叶片、小梗，嫩芽，一芽三叶。叶韧有力，面滑如绸，尚肥大。

【风味综合描述】
〖色相〗黄绿、清黄、中黄。
〖色度〗黄亮、清透、润泽。
〖香气〗兰香、蜜香、栀子花香、野花香。
〖香度〗馥郁、持久、高锐、幽幽隐隐（瓷匀杯）。
〖味觉味道〗
甘滑、甜润，由黄冰糖向白冰糖的转化、层叠，白砂糖的甜，颊上甘涌津透。
〖触觉质感〗
前腭细润，丝质的滑感，软腭则沙软感。喉润，顺沉而入丹田。
〖风骨气韵〗
春日阳光透照、天高云阔向、青碧澈空远、青霭薄笼罩、峻山延延，一幅《春山行旅图》《春山图》映入脑中，崇山峻岭中，枝叶苍翠，春意浓郁，山丘峦错落。高士若立足高远，峰峦叠嶂，山峰奇俊，山脚秀木耸立，翠绿茂盛；又若水面围山而行，立于岸边，遥观云水，视野宽广开阔。
〖气息体感〗气息上盈冲窍，神清通透，身有微暖感。
〖茶润心语〗
雨霁山犹湿，山峰奇俊远。
高士策杖过，行旅云山间。

冰岛老寨2019年春茶茶汤创作品鉴记录

们发明的。他们把自己的研究发现制作成一个香气和风味轮盘，在当时，这样的轮盘是相当新颖的东西。

什么是茶汤品鉴风味轮?

参照《咖啡风味轮》《威士忌香气和风味轮盘》的设计原理和设计风格，把《GB/T　14487—2017茶叶感官审评术语》及当下茶人茶汤品鉴中常用的汤色、香气、滋味、体感等术语词，进行梳理、分类、集合、简化，再加以具有画面感、生活化的延伸描述词汇，并结合茶汤品鉴笔记、比对实物，总结适用于现代生活美学空间内的日常茶汤。

为什么绘制茶汤品鉴风味轮?

虽然每个人的生活习惯、生活经历、茶叶认知、茶汤品鉴经验、茶类冲泡技艺实践有差异，对于茶的风味描述有很大差异，接受阈值也大大不同，但是我们可以尝出一种味道，而且很准确地描述出来。

通过学习茶汤品鉴风味轮，可以把在茶品鉴过程中感知到味觉、嗅觉、感觉，系统并且具象地归类，配合着日常茶汤品鉴练习，能够清晰地感知到不同茶汤所有滋味、香气、体感中最细微的差异。把闻到的味道具象到某种与生活可连接的场景，逐步建立起属于自己的茶汤视觉、味觉、感觉记忆库，积累滋味、香气、体感词汇，并灵活运用于日常的品鉴交流中。

帮助辨析茶汤在不同情境、不同冲泡条件下所呈现的不同风味，区分茶叶之优劣。茶汤品鉴风味轮尽量将专家、茶师、审评师、茶人、茶叶消费者们紧密地联系在一起，创造共同的语言、共同的品鉴词汇，进行良好的沟通，于相对客观的条件中，在主观上达到共鸣的效果。

一切对茶叶、茶汤的理解及认知，包括冲泡技艺上的能力，全部都是为了表现出茶叶、茶汤品质更美好的一面，从而能够品悦茶带给我们的美好，在一杯茶汤里寻味美好生活。

创作 / 绘制茶汤品鉴风味轮有什么依据?

（1）用到的相关理论参考有《食品感官评价技术》《2017 国家茶叶感官审评术语》《中医基础理论》《黄帝内经》等。

（2）作者的一千余篇茶汤风味笔记和冲泡品鉴经验。

（3）弘益大学堂茶学院一千余名结业同修的课程教学经验。

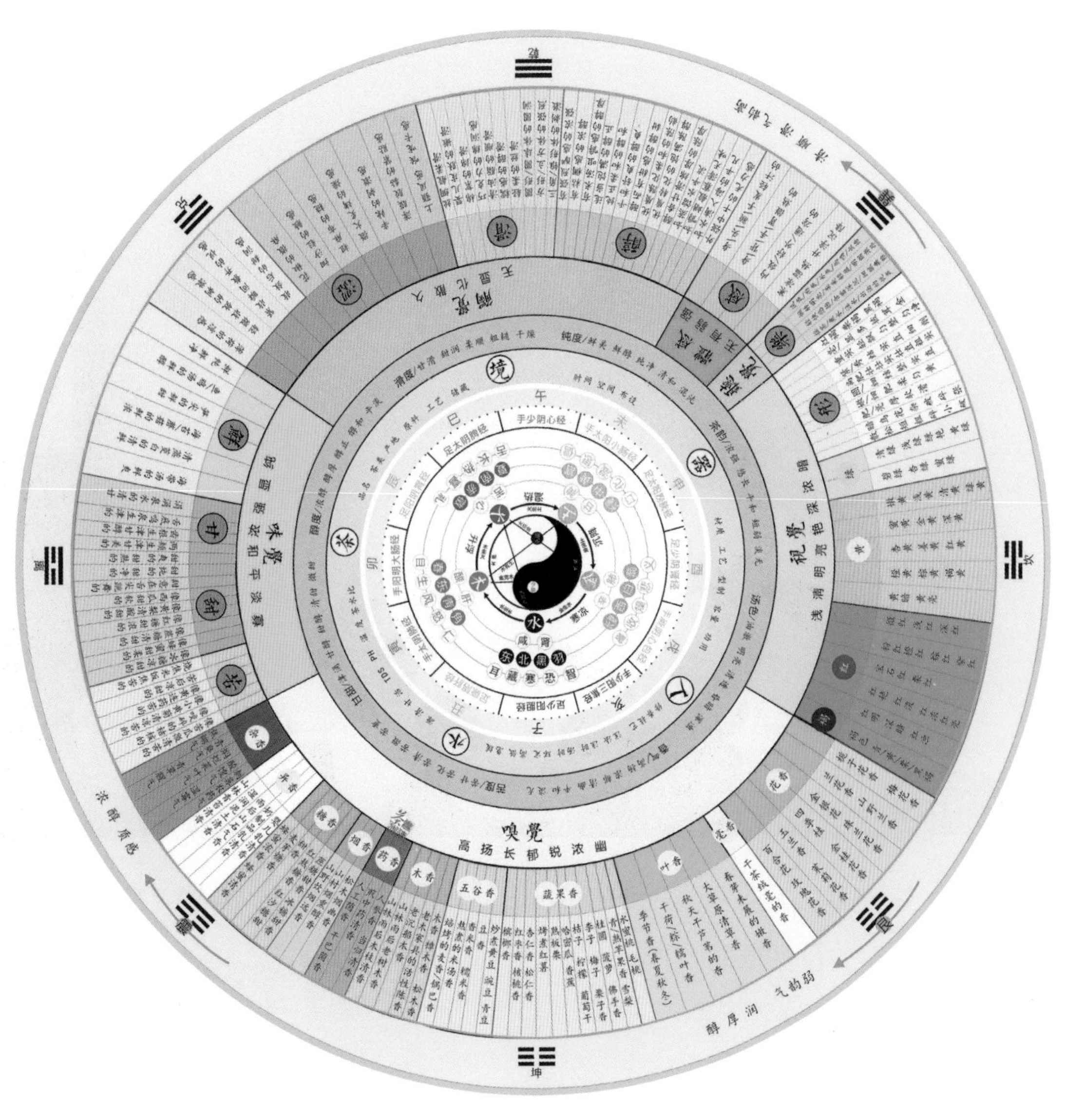

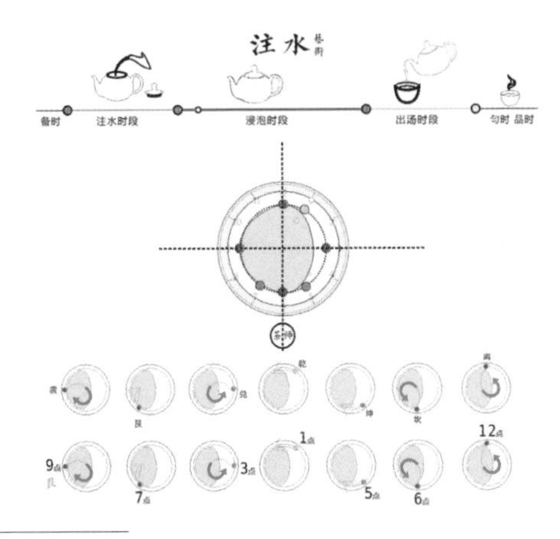

中华茶汤风味评鉴盘

本图为尚高德（字伟庆）原创创作\设计
未经允许严禁用于商业用途和模仿、篡改

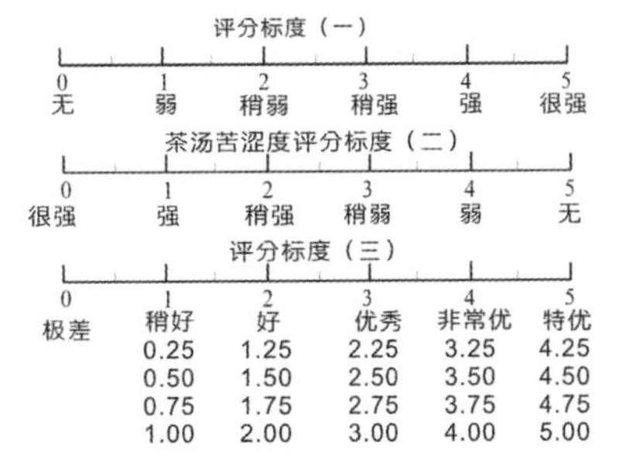

茶汤品鉴风味轮

弘益大学堂尚高德老师在授课

茶汤品鉴风味轮的设计框架

图形中的文字内容由内而外共分为中医阴阳五行、茶叶冲泡品鉴“五德六感”要素、茶汤风味描述、冲泡注水四个板块结构。

茶汤品鉴风味轮的逻辑关系

先从《黄帝内经》的阴阳五行学说、中医养生的角度了解人、人和自然的关系、人和茶的关系，从《黄帝内经》的角度全面解读、认识茶叶、茶与自然、茶与人的养生。

其次，再从现代对茶叶的研究、生活中对茶叶的要求、作为茶汤风味的要求出发，界定“人、茶、境、器、水”的关系，找到恰当的冲泡技艺，真正把茶叶的最佳风味、风格呈现出来。

再从茶叶感官审评、食品感官评价技术的角度对茶汤进行评价和品鉴。

最后从视觉（外形、汤色）、嗅觉、味觉（苦、甜、甘、鲜）、触觉（涩、滑、醇）、体感、听觉六个维度对茶汤的整个风味呈现进行细致分类和详细描述的词汇、参照物进行圆环轮盘式的有秩序排列。

茶汤品鉴风味轮的汤色描述

主要汇集《GB/T　14487—2017 茶叶感官审评术语》中的汤色描述词语，根据词语中重复出现的字进行简化、组合，找到合适的茶汤描述词语。

（1）汤色呈现

浅、清、澈、明、亮、净、鲜、艳、深、浓、暗、混、浊。（字与字、与颜色字可组合成词，如明亮、深暗、黄亮、红明等）

（2）汤色色系定语

绿、黄、红、褐的基础术语之上，加具象茶汤汤色的定语。

茶汤品鉴风味轮的香气描述

香分为七个维度：高、扬、长、郁、锐、浓、幽。

十一个香型：花香、叶香、蔬果香、干果香、五谷香、木香、药香、糖香、烟香、异香和杂香等。

茶汤品鉴风味轮的滋味描述

滋味在口腔里主要呈现为味觉和触觉的感官反应。味觉的描述有苦、甜、甘、鲜四种味道，在强度上分为浓、强、显、纯、和、平、淡、寡八个维度。触觉的描述有涩、滑、醇三种反应，在强度上有无、显、化、散、久五个层次。

茶汤品鉴风味轮的建立比对实物样库

无论是日常的茶汤品味，还是专业的茶叶感官审评，因为经验和认知的不同，对一种事物的描述是不同的。比如有五位茶友在一起品鉴一款普洱茶，经常会遇到对普洱茶陈香、樟香、枣香等香气辨别，在条件允许的情况下，可以找到樟木、老陈木、大枣等装入小玻璃瓶中比对，就可以在五人中建立一个共同认可的、可以对香气的描述和品鉴的体验比对。

创造尽量相对一致的冲泡条件

专业的茶叶感官审评，是严格按照《茶叶感官审评方法（GB/T 23776—2009）》进行茶叶冲泡操作和感官审评的。在非专业审评的茶生活空间、茶台、茶席进行不同茶叶、茶叶茶汤品味、品鉴，也要尽量能做到冲泡条件相对一致，才能相对公平地进行比较。要做到五个一致：冲泡茶师（冲泡手法）一致、器具（煮水具、冲泡器、公道杯、品杯）一致、冲泡用水一致、投茶量一致、冲泡时间（注水和出汤）一致。

观汤色、闻香气、记数据简便之法

冲泡、品鉴一款茶，要对每一道茶汤进行比对，从而逐步建立属于自己冲泡技艺和一款茶的冲泡数据（借鉴咖啡冲泡记录法，对一款茶找到适合的冲泡数据）。

重理论不如重实践，只有不断地进行冲泡、品鉴实践，并能对每一次冲泡、每一款茶认真对待、进行详细地冲泡、品鉴记录，才能够让冲泡技艺不断提升、品鉴技能不断精进。

创制茶汤品鉴风味轮的思考

我们正处在一个茶的美好时代，处在知识和认知全面升级的时代。基于《GB/T　14487—2017 茶叶感官审评术语》《茶叶感官审评方法（GB/T 23776—2009）》和现代茶人茶汤品鉴认知积累，初步绘制的《茶汤品鉴风味轮》，旨在为美好生活空间、茶台、茶席相对宽松舒适的情境里的赏茶、泡茶、品茶、鉴茶、乐茶提供一种习茶方法，也为茶行业从业精英、兴趣爱好者提供一种交流、分享的思路方法。

《茶汤品鉴风味轮》只是初步绘制了品鉴茶汤实践中所能用到的基本汤色、香气、滋味等术语词汇，尚不能完全涵盖中国博大精深的茶类茶汤所有风格感官特征。正如风味轮的车轮式样，随着中国茶类工艺不断精进，中国茶人对美好茶汤的追求也是随着时代而精益求精的，风味轮同样也需要在实践中不断摸索、补充。在此，诚意邀请诸位志同道合的茶者、茶人，分享您的茶汤品鉴智慧，我们共同完善茶汤品鉴风味轮，共同建立可实操实用、可即时分享的中国茶类冲泡体系、品鉴体系，建立每一茶类的冲泡数据、品鉴数据！

感谢在茶汤品鉴风味轮绘制过程中诸位弘益大学堂老师、同修，诸位茶人给予的建议和支持帮助！最后，希望能在弘益大学堂的茶生活美学课堂中，与大家分享更多关于中华茶汤品鉴风味轮以及对茶生活、茶品鉴、茶冲泡技艺的思考。

参考文献：

Emma Sage, SCAA 咖啡科技部总监 .《2016 新版风味轮 | 感知一杯咖啡的味道》，Molly Spencer, 加州大学戴维斯分院博士后

普洱茶加工工艺细节及思考

代光勇

理工男出身，喜爱茶文化，曾于各大网站平台发表多篇普洱茶专文，网名哀伤是刀，茶圈内人称『刀哥』。

普洱茶书上的摊青概念

普洱茶初制工艺的第二步，准确的说法是摊放，或者叫摊青。其实现在不管是山上茶农、茶企、茶厂，还是市场上的茶商、茶人甚至茶书作者，多叫它“萎凋”。为何会使用这一从红茶工艺中借来的概念呢？

先看看普洱茶传统制茶工艺中对摊青的解释。《中国茶经》（陈宗懋、杨亚军2011年修订版）茶技篇第588页，普洱茶制造：第一步直接从“杀青”开始；茶技篇第543页，晒青绿茶制造（把普洱生茶归为晒青绿茶）：第一步也是直接从“杀青”开始。

《制茶学》（夏涛主编第三版）第 183 页，云南普洱茶加工，加工技术第二步提到“鲜叶摊放”：“鲜叶按级验收后应分级摊放，待含水量降至 70% 左右，及时杀青。”第 79 页晒青绿茶加工技术要点（同样把普洱生茶归为晒青绿茶）提到“摊青”：鲜叶采收后进行湿度摊放，摊青宜自然摊放，厚度为 10 厘米～ 15 厘米，使青草气散发，芳香物增加，无表面水附着，鲜叶减重率达 10% 左右时，即可及时进行杀青。这里虽然给出了“70%”的数据标准，但针对的仅仅是晒青绿茶。这一标准对越存越佳的现代普洱茶这一新生茶类是否适用还有待验证。

《云南普洱茶》（周红杰）第 34 页，普洱茶的加工：流程图中显示，

已荒废的云南第一座现代化茶厂——南糯山茶厂废弃的加工机器

云南大叶种鲜叶直接进行杀青。

《新普洱茶典》（杨中跃）第 22 页，历史上的制作：基本流程是采撷→萎凋→杀青……

《普洱茶》（邓时海，2016年3月）陈香篇第39页提到："日凋。"

《中国茶叶大辞典》（陈宗懋主编）制茶部第 374 页摊青制法：摊青即晾青或退青，将摇青叶置于阴凉通风处摊开，促进水分蒸发，使叶呈萎软状态（此处是青茶制法中的摊青概念）。

……

查遍所有涉及茶类制茶工艺的相关书籍，结果让人大吃一惊。笔者发现：这些权威茶书对普洱茶初制工艺中的摊青，要么语焉不详一笔带过，要么直接省去。

我的鲜叶我做主

查完这些资料，笔者不能不感慨：摊青这一概念，要么被忽略无视，要么被胡乱使用，要么被借来的东西替换。

在茶山做茶的时候被忽视，所以鲜叶采来可以直接下锅杀青。茶

勐海茶区生命力旺盛的古茶树

人写书的时候被忽视，所以凡是写到初制工序便直接跳过不提。茶农做茶的时候借来用，所以摊放的鲜叶不管厚薄，摊放的时间长短随心所欲。鲜叶可以被太阳晒，可以被雨水淋，可以自然摊放，可以热风萎凋。反正每一种做法似乎都有合理的称谓和名词来配合，不管这些名词是祖宗传下的、书上写的、自创的还是借来用的。

只要顾客高兴，叫它摊青就是摊青，叫它萎凋就是萎凋！反正我的鲜叶我做主。现在很多茶友喜欢自己跑到山上到茶农家做茶。茶农脑袋瓜很灵活了，顾客直接到山上指导他们做茶，他们最喜欢不过。他们希望顾客最好直接从鲜叶的采摘或摊放就开始指导，再美其名曰全程监制，反正掏钱的是顾客，只要给了钱，我的鲜叶也可以你做主。

借来的萎凋

对萎凋这一概念的正解，见于《中国茶叶大辞典》（制茶部第368页）："红茶、乌龙茶、白茶初制工艺的第一道工序。……有人工控制萎凋（包括槽式萎凋、萎凋机萎凋）、室内自然萎凋和日光萎凋几种方式。"

从中可以看出：萎凋概念主要是针对前发酵的三种茶——红茶、

古树茶园中的采茶人

乌龙茶和白茶；萎凋过程和结果为：包括物理走水过程和化学质变过程。萎凋方式有三种。普洱茶不属于上述三种茶，而属于后发酵茶，因此萎凋概念用于普洱茶是错误的。

普洱茶从鲜叶采摘之后，进入了杀青之前的摊放工序——“摊晾”（也叫摊青）。这是在茶叶采摘下来之后，当天把它均匀摊放在竹匾、席子或簸箕之上或者在槽内摊开，等其自然蒸发失去水分至叶体软化，散发青草气味。摊晾只是物理失水，是物理变化，所以保留了茶叶中许多原生内含物质，又保留了许多如多酚氧化酶等活性物质，这为后期存放创造了转化的条件。

当然，理论上要求鲜叶只参与物理的失水过程，通过摊青很难做到，实际摊青过程中或因天气温度高，或因茶菁堆积过厚相互挤压产生热量，从而发生化学变化，导致提前发酵。但它的发酵程度相比前发酵类茶的萎凋来说是较为轻微的，在避免不了的前提下，应尽量减轻。若控制不好，导致发酵程度加深，给人的感觉就像前发酵类茶的萎凋，故大家都把这道工序叫“萎凋”了。其实茶农都知道用摊放而不是用萎凋做晒青茶，但大家都叫顺了萎凋，也就跟着叫了！

摊放到位与否，对下一道工序 —— 杀青有至关重要的影响。鲜叶含水量过多、过少，杀青过程均不容易控制，直接导致毛茶质量和最终成品质量大打折扣。很多人认为毛茶质量存在的诸多缺陷主要源自杀青工序，这是对的，但追根溯源还是因为摊青没做到位。

云南普洱茶的初制加工场所，大多建在原料生长地附近，条件艰苦，设备简陋，很难做到每炒一锅之前均用仪器测量《制茶学》等教材理论规定的鲜叶“含水量降至70%左右”才下锅炒制，多数是“看茶制茶”。对萎凋时间的掌握，全凭制茶师傅的经验和手感，加之摊青地点狭窄，鲜叶数量较多时难以全面铺开摊放，茶菁堆积过厚造成走水不均或提前发酵……这些因素都会直接影响到更重要的杀青工序的成败。

摊青时间不够，鲜叶内部水分含量过高，外部水量少，杀青时容易造成“外糊内生”的现象；摊青时间过长，鲜叶水分过少，整体上茶菁过干，杀青时更容易大面积炒糊；摊青时控制不好（如堆积层过厚、有挤压现象、太阳晒、热风吹等），外观上茶叶容易发生红变，内质上则大幅度削弱了普洱茶的转化时间和转化空间。

摊青的主要目的便是为下一道工序杀青打下良好基础。摊青成功的关键，在于控制鲜叶的含水率和控制其尽量少地参与化学变化过程。那些为了提高茶品的甜度、减少刺激性、后期转化更好等宣传词只会让普洱茶红茶化、青茶化，让萎凋这个外来和尚鸠占鹊巢、肆意横行，让更多制茶者误入歧途，让更多的商家以讹传讹，让更多的消费者无从辨别。

由于“萎凋”这个借来的概念，以及普洱茶在初制过程中的相对简单的摊青工序——方式花样百出，质量参差不齐，导致后续工序和成品一系列的质量缺陷。其实，摊青在普洱茶所有工序里算是难得有标准的一道，“含水量降至 70% 左右”。只要不嫌麻烦，称一下重量便知，大可不必凭经验靠手感，更不必去借用那个名不正言不顺的“萎凋”！

普洱茶杀青的目的

杀青是普洱茶初制过程中最核心的工序。其他茶类杀青的目的在于利用高温停止酵素酶的氧化作用，而普洱茶的杀青只是抑制、钝化鲜叶中酶的活性，同时除去鲜叶中的青味，增加其柔软度以利揉捻。

勐海滑竹梁子茶山茶农的晒青棚

机杀还是手杀

现在普洱茶的主要杀青方式分为手工锅炒杀青和滚筒式机器杀青。这年头，不说你的茶是手工铁锅杀青，都不好意思出门。只要沾上“手工”这两个字，基本上意味着茶的身价就上升了一个档次。

其实，手杀和机杀各有优势。机器杀青的优势在于：效率高，人工成本低，茶品质量稳定，便于批量生产。劣势是：加工产地受限制，杀青较为保守，温度和时间的配合，由于机器本身的限制不易平衡。虽不至于将茶炒坏，却很难将茶品质量提高到最佳。手工杀青的好处在于：设备投资小，不限场地，能根据鲜叶的老嫩度来调整锅温和手法，从而能最大限度地接近“将鲜叶炒熟又不炒糊”的最佳状态，故要做出极致好茶，还得首选手工杀青。但手工杀青的弱点也很明显：人工成本较高，费时费力，茶品质量的好坏多数取决于杀青师傅的技术与经验，甚至是体力和专注度。由于杀青师傅的技术不过关，操作不专注，部分手工杀青的茶品质量带有明显缺陷，成品往往还不如机器杀青。

杀青是普洱茶初制过程中最关键也是最难的一道工序，这个过程如果控制不好，即使有好的原料，普洱茶成品的品质也将大打折扣，一切努力皆白费！

教材上的普洱茶杀青原则

由于传统教材将晒青毛茶归为绿茶类，可参考的只能依据晒青绿茶的杀青原则：“杀匀杀熟，多透少闷，闷抖结合，使茶叶失水均匀。杀青程度控制到茶菁含水量为‘60%～65%’，杀青较嫩会产生较重的青涩味，红梗红叶增加；杀青太重将导致焦味、焦片的增加，同时叶色会出现‘死绿色’，不利于云南大叶种晒青毛茶适量酶活性的保存。因此掌握适当的杀青程度，起着至关重要的作用。”（《制茶学》）

《制茶学》里的杀青原则虽然是针对绿茶，而且主要是手工锅炒杀青，但其谈到的“含水量”和“手法”对晒青毛茶实际上也通用。而晒青毛茶初制的杀青工序最难的也是手工锅炒，故此原则也对普洱茶适用。

但是，实际操作起来就不像书上写得这么简单。由于普洱茶是后发酵茶类，不同的杀青方式和杀青过程中每一个细小环节的变化，对茶品的影响都要经过时间来验证。毛茶的“高品质”不能证明后期陈化的就是高品质，杀青这个阶段如果循规蹈矩按原则进行，也许后期证明是保守工艺；若是这个阶段“乱来”，将来又或许是一场革命！所以，普洱茶的杀青原则远不似教材上介绍的那么简单，它已经变得越来越多样，越来越奇怪，越来越偏离，越来越失控……

传统烧柴火铁锅杀青

失控的普洱茶杀青：设备、原料、手法、经验

传统手工杀青使用的设备较简单，即“一锅一灶”，锅是大铁锅，灶是水泥砖砌灶。后来有了一些更新，有的使用铜锅，灶台也铺上了瓷砖，这些其实对杀青没有本质的影响。

真正对杀青技术有较大影响的是斜锅设置和锅灶分离。斜锅式布置，便于炒茶时锅中鲜叶靠自重下滑，降低了炒茶师傅弓腰的幅度，让他们更容易施展翻滚鲜叶的动作，不但炒得均匀，而且减轻了劳动量。

锅灶分开，隔离火烟，柴火灶设在墙后，这样炒茶时，火烟就不会串入炒锅，避免了后期茶品出现烟味。灶也有侧灶和直灶之分，原先茶农家大多采用侧灶，即灶设置在炒茶师傅所站位置的左侧或右侧，便于主人随时添柴加火。但由于炒茶的翻转动作是双手拢住鲜叶，先往后拉，再往前上方翻转，鲜叶在炒锅中的移动方向是“前后”，而侧锅火温集中在左右，故侧锅式布置不利于鲜叶的杀匀杀透。

改进成和炒茶师相对的方向的直灶，火温方位和鲜叶在锅中的移动方向一致，更有利于实际操作和设置锅灶分离。斜锅设置和锅灶分离现在已在云南普洱茶产区大小茶厂中普及，已基本取代以前的平锅和“锅灶见面”的方式。

茶灶里面烧的燃料一般是木材，别看茶山木材多，原料、运输、人工，实际烧柴火成本增高了。为节约能源，现在茶产区在推广用液化气做燃料，但还未大量普及。但据很多茶农反映，“这种液化灶操作方便，但没有柴火炒得好”，这也许需要一个适应过程。

现在一些茶厂在炒茶设备的一些细节上的改进也更加人性化。例如：不同炒锅离地面的高度不一样，更加合理，不同身高的炒茶师傅可以自己选择合适的铁锅；炒茶师站位的地点也进行了一些改进，向里墙凹进20厘米，这样炒茶师工作的时候，双脚便可以往里伸一些，整个身体更接近炒锅，更方便操作；水管安装到锅边，每个炒锅接有水龙头，上方开有专用水槽，每炒完一锅都要进行清洗，清洗时还要用铁砂或磨石打磨锅底，避免上一锅的锅底糊块影响下一锅茶，洗锅水用锅刷刷向水槽，再由专用水管排出墙外。

很多有缺陷的茶品在查找加工过程中哪个环节出问题时，很轻易地就把杀青这道关键工序当成了罪魁祸首。其实炒茶的师傅们有时也很无奈：很多鲜叶在投向炒锅之前便自身“带有问题”，或因采摘不当（采太嫩、采太老、手法不对采成马蹄叶……），或者摊青不好，用这样的原料很难保证锅炒杀青质量。“巧妇难为无米之炊”，即使是技术一流、经验老到的师傅，面对这样本身带有缺陷的茶也是束手无策，很难炒出一锅高质量的茶来。

杀青工序最容易学的就是手法，无非是抖和闷，或者抛洒和翻转。很多到茶山体验的游客，有悟性的，几秒钟就学会，但会比划不等于会使用，就像你在岸上学会了各种游泳的姿势，真正下到水中，却是另一回事儿。

花拳绣腿的招式上不了台面，真正要炒出一锅好茶，还得看师傅们的技术和经验。招式容易学，但什么时候用“抖”，什么时候用“闷”，这就是功夫！原则很简单，但什么程度叫作“杀匀杀透”，什么时候添柴升温，什么时候选择降温，什么时候下锅，什么时候出锅，这就是经验！

经验丰富的制茶师傅可以通过“看、试、闻、听、摸”感知茶叶传递过来的各种信息，从而适时地调整灶火和锅的温度、变化炒茶的手法和节奏。有了这些经验和技巧，你才能通过鲜叶的老嫩程度、铁锅的温度高低、炒制时的气味等因素采用不同手法技巧，来掌控你眼前的这锅鲜叶，完美地完成杀青这道工序。人茶合一，技能臻于极致，这是制茶师的最高境界。他们既是经验丰富的师傅，又是技术精湛的匠人。匠人们炒制的一锅锅新鲜出炉的茶叶，仿佛画界大师刚刚完成的作品。

失控的普洱茶杀青：形形色色，千奇百怪

如前文所述，由于普洱茶越存越佳的特色，对茶品的要求要经过时间来验证，这造成了现在形形色色的杀青方式：

借助工具：由于炒锅比较烫手，炒茶师戴上手套炒很正常，有的新手即使戴着手套也怕烫，于是使用竹片或木叉来代替双手，看上去很滑稽。有经验的炒茶师通常能靠双手感知锅温、叶温，从而通过改变手法来炒制，若借助这些奇葩的工具炒茶，只能让人“呵呵”了。

鲜叶加量：一般手工锅炒杀青，投 4 ～ 5 公斤（1 公斤 =1 千克）鲜叶为宜，有的茶农为节约时间、贪多加量，一锅投叶少则七八公斤，多至十来公斤。如同炒菜，数量越多越难炒，如此多的投叶量，能把它炒透杀匀？我很怀疑！

一成不变：有的师傅炒茶，从鲜叶投入铁锅开始到炒完出锅结束，从头到尾一个节奏，手法、频率没有丝毫的变化。实际上，鲜叶从入锅开始，茶菁叶芽表面和内部的水分随温度的上升开始发生变化，这个时候便要通过调整锅温和炒茶手法、节奏，或抛或闷、或快或慢，才能将鲜叶杀透杀匀而不至于炒糊炒生。这需要制茶师常年总结的经验和炒茶过程的高度专注，非常耗费精力和体力。一成不变的炒茶方式，不讲技术没有经验，固然轻松，炒出来的茶质量可想而知，价格自然也大打折扣。

高火提香：铁锅杀青时高温可以提香，这已经是普洱茶工艺中公开的秘密了。问题是：一方面，温度高，叶温上升快，茶叶也极易炒糊，弄不好也会外糊内生。另一方面，高温不是恒定地保持高温，也需要时时随着鲜叶的失水状态来调节，最关键的是高温过程中更需要手法频率的变化，这就更加考验制茶师的技术和经验。这是一种较为冒险的杀青方式，控制好了可以将茶品层次提高一个档次，控制不好往往

就炒成带有缺陷的茶了。

低温闷炒：这是云南茶区普遍采用的杀青方式，也是一种较为保守的杀青方式。一方面，锅温不高，鲜叶容易控制，对技术经验要求没那么高，鲜叶也不容易炒糊，但对炒的时间和闷的状态上的把握存在很大差别，有 30 分钟、35 分钟、40 分钟、45 分钟……这不仅仅是各个茶区茶树品种的不同和老嫩度不同而导致的差别，更多的是不同的制茶人的制茶理念、他对于“好茶”的理解以及顾客的口感要求对他们的影响造成。另一方面，不同时间用小火闷炒的茶品，新鲜毛茶香气在闷的过程中有所转化，口感上较高温炒的茶相对柔和，叶底一致性良好，偏黄，黄片相对减少，但存放若干年后的品质如何，同样需要验证。

还有很多奇怪的炒法，这些炒法有些是茶农自己独创的，有些是受某些专家启发而“研发”的，有些是外面进来买茶的顾客“指导”

的。这些失控了的杀青也许为了香气高扬，也许为了叶底好看，也许为了满足某些顾客的特殊口感。

这些形形色色的杀青方式，证明普洱茶在最关键的杀青工序中没有现成的标准。但不能因此而没有底线地乱干，有些杀青方式很快便得到检验。比如：刚出锅就闻到明显的焦糊味，毛茶一入口便生涩、发苦，偏红茶口感、偏绿茶口感……

在没有能证明对普洱茶后期转化良好的现成工艺标准之前，请相信那些经验丰富的制茶师傅吧，至少他们能做到看茶、制茶，至少他们能做到认真、专注地对待每一锅茶。

纠结的普洱茶揉捻

普洱茶的初制工艺，很多茶农做茶是在自己家里进行，经常性是男主人自己拢火炒茶，女主人或子女进行揉捻工序。因为杀青费体力、考技术，一般做茶最受重视，而相对轻松和技术含量低些的活计便交给女主人。夹在杀青和晒青之间的这道揉捻工序，说它重要却不如杀青，说它不重要却又必不可少，很是让人纠结。

机揉和手揉

普洱茶的揉捻工序，分手工揉捻和小型机器揉捻两种。手工揉捻的优势在于能根据茶叶的品性特征灵活掌握揉捻的力度及时间；其劣势在于耗时耗力，揉捻工个人的技术经验和临时发挥状态也有影响。机器揉捻的优势是省时省力，均匀度较好；其劣势是灵活性较差，偶有紧卷的小团。现在云南茶区茶农家中，好多都购置了小型揉捻机，但大多数情况还是选择手工揉捻。

从技术难度来说，揉捻工作在普洱茶所有初制工序中算是较为简单且容易掌握的，手工揉捻原则上只需把握“轻重和手法”，大人、小孩都可以操作。《制茶学》中述：“揉捻过程宜掌握以轻揉为主，重揉为辅，把握‘轻—重—轻’的原则，因大叶种鲜叶肉薄，含水量高，揉捻应适当偏轻……揉捻程度比普通炒青、烘青绿茶轻，进而细胞破

茶农手工制作茶现场

碎率较低，通常在 40% 以下（烘青、炒青通常在 45% ～ 65% 以上），以掌握揉捻叶表面有少量茶汁渗出，手捏成团，并有黏手感为度，要求茶叶成条率在 70% ～ 75% 为宜。”但正是因为手工揉捻难度和工作量都不大，所以往往不太被重视，选择揉茶工的随意性也很大。有些茶农或茶厂几乎是“忙的在炒茶，闲的去拢火和揉茶”，这就容易造成大量的揉轻、揉重、揉断、揉碎的有缺陷茶品。

其实，无论从外形的要求还是内在品质的影响上，揉捻都需要尽量保持芽叶的完整性，避免茶汁过多把茸毛覆盖住，若揉捻过重，成品色泽偏暗，欠油润，汤色浑浊，滋味涩度大，芽叶不完整；若揉捻太轻，成品香气低，汤色青浅，滋味淡薄。

在揉制的过程中，也有一些小细节需要注意：要不时抛洒散热，避免鲜叶成堆发酵；揉好后的茶条在粗筛孔簸箕中要先筛一下，去除细小碎屑，使干茶外形匀整一致，更为美观；筛完后再抛洒在准备好的细筛簸箕中，细筛簸箕中的鲜叶分布尽量少、薄而均匀。

泡条和紧条

普洱茶在初制时因手工揉捻轻重而形成三种条索：紧条、泡条和中条。

紧条茶不显毫，外观不甚美，但滋味丰富，浸出物释放均衡。因为有利于微生物进入，更有利于后期转化，故熟茶基本为紧条。泡条又叫抛条，外形粗犷，有型，出汤慢。中条揉捻轻重合适，介于紧条和泡条之间，为大部分茶区所采用。三种条索除外观明显的区别外，主要在于细胞壁破碎率的不同造成口感差异和茶叶在浸泡时水浸出物释放速度（即耐泡性）。人们会误以为紧条显苦涩，对雨水茶、台地茶诚然如此。有的茶农为突出大叶种的特征，故意将茶叶轻揉成泡条，以外观宽大和释放缓慢当作古树茶，欺骗顾客。

多出来的闷黄

正常情况下，普洱茶揉捻之后，便要进行下一道工序——晒青。但现在在云南茶区，很多茶农甚至茶叶加工厂里，多了一道叫“闷黄”的工艺。

闷黄是黄茶的一道典型工艺，“闷”主要是湿热作用的过程，引起茶多酚氧化、叶绿素分解为脱镁叶绿素和蛋白质、多糖等的水解，从而达到黄茶黄汤、滋味相对醇和的特点。虽然叫“闷黄”，其实并没有全封闭，叫渥黄更准确些。

对于渥黄的目的，有些是不得已而为之。比如茶叶揉捻好了，却没有太阳，也就没有进行下一道的晒青工艺的条件，只要将揉好的茶条薄摊，等待第二天的太阳进行晒制，在此过程中茶叶借助炒后的余热和剩余的水分发生了轻微的渥黄（也可以理解成类似黑茶的渥堆），渥黄过程对普洱茶后期陈化的品质不会产生影响。采茶季节，云南茶山上茶农的做茶时间顺序基本上是早上出去采茶，下午摊青，傍晚炒茶、

手掌般大小的云南大叶种茶叶

揉茶，这个时辰多数是没有太阳的，故此类渥黄是普洱茶初制加工中普遍采用的方式。

还有一种情形是，有些茶叶加工户故意将揉捻完成后的茶叶厚层堆积，发生接近黄茶的深度渥黄，此过程中茶叶成分因湿热作用发生了变化，形成黄汤黄叶的特点。这样做的目的众说纷纭，有的说是为了毛茶口感更好、有的说汤色更亮、有的说叶底更均匀、有的说是为了减少黄片、有的说为了后期转化更快……不好说他们出于什么目的借用这道黄茶的工序，不过从普洱茶后发酵的机理来看，一部分提前发酵，对后期茶品品质肯定是有影响的。

武夷岩茶生产加工技术

李远华

教授，博士，武夷学院茶与食品学院原院长，第九届福建省茶叶学会副会长，第六届南平市茶叶学会理事长，教育部教学指导委员会园艺（含茶学）委员。

武夷岩茶产于福建省武夷山市，全市共有茶山面积14.8万亩，开采面积14.2万亩，有注册茶业经营主体1.3万家，规模茶企38家，通过SC认证企业620家，市级以上茶叶龙头企业15家，茶叶合作社200家，茶类证明商标9件，驰名商标3件，著名商标44件，知名商标167件。2018年，干毛茶总产量21000吨，其中：岩茶产量19600吨，红茶产量1300吨，茶业总产值21.42亿元。茶叶是武夷山人民致富的第一产业。

武夷岩茶产区除大红袍、水仙、肉桂主栽品种外，现有名丛、单丛众多。如茶王大红袍就有拼配大红袍和纯种大红袍之分，拼配大红袍由水仙、肉桂、品种茶及陈茶拼配而成，而纯种大红袍是大红袍母树的第 2 棵，称为“奇丹”品种。位于九龙窠岩壁上“大红袍母树”，清代已有记载，原系天心寺庙产，中华人民共和国成立后归政府所有。九龙窠摩崖石刻“大红袍”三字系民国第 33 任崇安县长吴石仙题写，在抗战胜利后，由马头石匠黄华友（又名黄华有）所刻。还有四大名丛如水金龟、铁罗汉、半天妖、白鸡冠，以及北斗、向天梅、胭脂柳、留兰香、玉麒麟、玉井流香、醉贵妃、红孩儿、金锁匙、石乳、天游香、月中桂、石观音、老君眉、爪子金、金丁香、金凤凰、银凤凰、金鸡公、金雀舌、毛猴、正太阴、正太阳等众多的单丛。武夷山号称“茶树品种王国”，武夷名丛、单丛来源于武夷菜茶，都有花名。据林馥泉的著作《武夷茶叶之生产制造及运销》（1943 年丛刊）记载，仅慧苑一带，就有830个茶树花名。现今保存武夷山茶树种质资源较多的有龟岩茶业公司、武夷星、武夷学院等地。此外还有外来引进的品种，如105（黄观音，茗科2号）、204（金观音，茗科1号）、301（春兰）、303（九龙袍）、304（丹桂）、305（瑞香）、佛手、梅占等。

武夷岩茶传统制作技术始于明末清初。有关武夷岩茶最早的文字记录，是在清初僧人释超全的《武夷茶歌》，诗中所记岩茶制法已经相当成熟。更加明确详细的岩茶制法，则是迟于释超全几十年的崇安县令（今武夷山市）陆廷灿所写的《续茶经》。

传统武夷岩茶栽培方法是表土回田，单行种植，深耕晒园，肥源主要来自武夷山矿石风化而成的烂石（其是天然的肥源）。挖山、吊土、平山三个步骤构成了武夷的传统耕作法的主要内容。武夷岩茶生产制作时间一般在4月20日至5月12日，之后就不生产，到秋末气候稍凉时再生产一些“冬片”（有的地方叫冬茶）。武夷岩茶首重滋味，高档的岩茶滋味有厚重感、回甘，口齿留香，七八泡后仍有余味、余香，饮用冲泡的岩茶一般以每小包7～8克分装。老枞水仙采自树龄几十年以上的老茶树，成茶带有枞味，也就是带有低等植物的苔藓味、木质味、粽叶味。野茶生长在深山丛林中，成茶初看瘦弱，但比较耐泡，回味甘甜。

武夷岩茶生产工艺技术，介绍如下：

采摘：一般在晴天进行，雨天不采，主要是考虑雨天做青品质不好，香气不够，采摘为开面采、偏成熟，形成驻芽时的一芽3叶至5叶。高档茶的采摘标准要求严格，一般手工采摘，价格较贵；机械加工茶叶，通常用采茶机采摘，鲜叶质量长短不一。

晒青：采后鲜叶在太阳下铺晒，有摊放在布或尼龙网上，也有直接摊放在水泥地上，也有中午晒青，根据阳光强弱在顶上加盖遮阳网等；一般中途翻拌2～3次，晒青时间30～45分钟，到第二叶下垂、鲜叶失去光泽、有清香即可。

凉青：各茶场不统一，多数小茶场受加工场地限制，不凉青，晒青后直接上摇青机摇青。较大型正规化茶场有场地就稍作摊凉，凉青时间也短暂。

摇青：摇青机目前有三种规格，分别是1.2米×2米、1米×3米、1.1米×3米；茶青容量约225公斤、175公斤、275公斤，用镀锌钢

板卷制而成，筒壁均匀分布着圆孔，并开有进茶门。摇青间采用活动门，内有排气扇，置有炭火盆，摇青间窗户一般采用玻璃密封。摇青间温度保持在 20 ～ 26℃，相对湿度在 70% ～ 85%。摇青机中间横轴可以排气通风，使筒内茶青不至于发热变质。摇青机边上有吹风口，炭火盆是需要加温快速发酵以及低温时使用，放在摇青机的风口上，摇青过程中靠近吹风口炭火盆位置的茶叶要翻拌，以免风口与筒内茶叶受热不均。目前，夷发茶场等武夷山多家茶厂进行了摇青自动化技术应用，坐在电脑旁直接点击鼠标操控摇青机摇青，减轻了工作量。摇青次数一般 7 ～ 8 次，每次吹风从 20 分钟逐渐减少到 10 分钟左右。摇青通过三相电流有正摇、反摇，正摇、反摇随机性大；摇青时间从刚开始的 0.5 分钟，到 1 分钟、3 分钟、5 分钟、10 分钟、10 分钟、15 分钟左右等，每次静置时间 45 分钟或 50 分钟；摇筒温度以手摸正面筒体中间有温热感为宜。水仙品种摇青发酵重些，有“四红六绿”之说，其他品种相对发酵稍轻些。摇青过程要把握好摇匀、摇活、摇红。摇青过程做好“走水”，可使茎梗中水分和可溶性物质经输送移动而发生变化。摇青至透香，即整个摇青间散发出花果香，叶缘红点明显，叶形成汤匙状为宜。

炒青：做青叶用滚筒杀青，杀青要求同绿茶杀青，只是由于武夷岩茶的鲜叶原料比较粗老，杀青偏嫩。有的杀青过程中筒口加盖稍闷杀，通过高温制止酶促氧化作用，筒温260℃，时间为6～10分钟。有的茶场如永生茶业公司，直接在滚筒杀青机口下面铺上布，将杀青叶直接整体上装揉捻机，省力省时。炒至清香，叶色由青绿转暗绿，带有黏性为宜。

热揉：由于武夷岩茶属中开面采，原料较成熟，为了使茶叶条索紧结，杀青叶趁热揉捻，短时，时间一般为 8 ～ 15 分钟，中间重压。揉捻机有使用 45 型或 50 型、55 型等。永生茶业公司还有一套全自动揉捻机，整个生产流程由程序自动控制，清洁化程度高。揉捻后及时解块，上烘，以免闷黄。

初干（毛火）：揉捻叶下筒后马上及时干燥，薄摊、快速。初干与再干设备一般都使用自动链式烘干机，特别是较大型茶企。如青龙食品（九曲山茶叶）有限公司，该公司茶叶加工厂场地建筑风格独特，使用木条，便于吸收水分，也是一大特色。数量较少的使用烘笼或转式烘干机、手拉式百叶烘干机等。烘干机燃料有使用液化气、柴油、柴煤等。自动链式烘干机初干温度在110～120℃，时间为10～15

分钟，含水量为20%～25%，至茶叶有刺手感即可。

摊凉：初干后的茶叶下地摊放，使梗叶水分重新分布均匀。有的不需要此道工序，直接采用微波缓苏脱水机进行摊凉，使梗脉水分重新分布均匀，如永生茶业公司、仙人栽茶叶公司。摊凉时间为 40 ～ 60 分钟。

再干（足火）：初干叶经摊凉后，再次进行干燥，温度比初干低，摊叶厚，干燥时间长一些。自动链式烘干机再干温度在 90 ～ 100℃，时间为 15 ～ 20 分钟，含水量为 5% ～ 7%，手捏干茶成粉末。再干后的茶叶，武夷山茶人称为“毛茶”，之后都称为“精制”。

“精制”包括筛分、风选、拣剔、焙火等工序，工艺是：毛茶→毛拣→分筛→复拣→分选→匀堆→焙火→装箱。其中以焙火工序最为关键。

拣剔：再干后的茶叶，去除黄片、茶梗、杂物，留下叶片，此工序多数由妇女、老人操作，利用空闲时间进行。如果是拼配茶，也在拣剔后将各品种茶按适当比例匀堆。拣剔后的茶梗如何再利用，是武夷岩茶生产中的一个问题。

焙火：焙火是武夷岩茶的加工特色，有电焙火、炭焙火等，有高火、中火、低火三种，高火后的茶叶汤色深红如琥珀色，中低火为汤色橙黄色。炭焙温度在80～130℃，时间为8～12小时。即使同一个品种茶叶，焙火温度不同，最后茶叶的香气也不同，如肉桂品种，高火的高香极辛锐、为桂皮香，但中低火为花果香。而水仙品种香气更悠长，大红袍为桂花香。目前，正岩高档茶带奶油香的占多数。武夷岩茶经3～4次焙火后，一般当年7—8月份才有新茶出来。

饮用武夷岩茶，建议成品茶经3个月后或更长时间，味道更为醇厚。明崇祯进士周亮工《闽茶曲》云：“雨前虽好但嫌新，火气未除莫接唇，藏得深红三倍价，家家卖弄隔年陈。”武夷岩茶有正岩、半岩、洲茶之分，正岩茶如“三坑两涧”（牛栏坑、大坑口、慧苑坑、流香涧、悟源涧），半岩如碧石、青狮、蟠龙、磊珠等岩。上等武夷岩茶，是武夷岩茶独特的生长环境、优良的茶树品种和传统的制作工艺综合形成的香气和滋味，表现为香气芬芳馥郁、优雅、持久、有力度，滋味啜之有骨、厚而醇、润滑甘爽，饮后有齿颊留香、余味持久的感觉 。武夷岩茶肉桂有“牛肉”（ 牛栏坑肉桂）、“马肉”（马头岩肉桂）等。武夷岩茶鉴赏各种特征以第2～4泡表现最佳，百分制一般滋味占40%、香气占35%，其余占比为外形、汤色、叶底。

武夷茶人范辉老师在制茶

越陈越香概念流变

茶世恩
弘益茶道美学撰稿人。

“越陈越香”是普洱茶中的一个最为重要的概念，“越陈越香”赋予了普洱茶的时间之美，在时间的淬炼之下，造就了普洱茶的独特之美。但是“越陈越香”的概念不是无中生有，而是在普洱茶的漫长发展中做出的精辟性的总结。考据历史上关于普洱茶的文字的时候，我们能找到“越陈越香”的文字有限。

目前关于“越陈越香”的说法，多数人认为是由《普洱茶》一书的作者邓时海先生，在1993年召开的中国普洱茶国际学术研讨会上提交的论文《论普洱茶的越陈越香》为肇始，后在邓时海的著作《普洱茶》一书中得到充分强调。随着普洱茶的升温，“越陈越香”成了一个带有定义性的流行词，也成为普洱茶深受茶消费者们喜爱的一个重要原因。但笔者通过查阅大量的普洱茶书籍以及相关的文献资料，发现“越陈越香”的概念既不是邓时海首创，最早的提出时间也不是在1993年。就目前收集到的资料显示，至少可以追溯到20世纪60年代。

有关云南茶“越陈越香”的概念，最早见于明朝李元阳的《大理府志》：“（点苍）茶，树高二丈，性味不减阳羡，藏之年久，味愈盛也。”这说的是大理感通茶。1917 年，《路南县志》中赞叹宜良宝洪茶“藏之越久越佳”。当然，这些文字都不能作为普洱茶“越陈越香”的佐证，但可以说“陈茶”有自己的独特的味道。

大篇幅对“越陈越香”的描述，出现在马桢祥在 20 世纪 60 年代

初期撰写的文章《泰缅经商回忆》：

“我们对茶叶出口一事，在抗战时期是很重视的，它给我们带来的利润不少。易武江城所产的七子饼茶，每筒制好之后约重四斤半。这种茶较好的牌子有宋元、宋聘、乾利贞等，稍次的有同庆、同兴等。在江城所加工的牌子较多，但质量较低，俗语叫‘洗马脊背茶’，不像易武茶之质细味香。这些茶多数行销中国香港、越南，有一部分由中国香港转运到新加坡、马来亚（马来西亚）、菲律滨（宾）等地，主要供华侨食用。也有部分茶叶行销国内，主要是新春茶。而行销中国香港、越南的多是陈茶，就是制好之后存放几年的茶，存放时间越长，味道也就越浓越香，有的茶甚至存放二三十年之久。陈茶最能解渴且能散热。中国香港、越南、马来亚（马来西亚）一带气候炎热，华侨工人下班之后，常到茶楼喝一杯茶，吃吃点心，这种茶只要喝一两杯就能很好地解渴。”

马桢祥是江城“敬昌茶号”的负责人，所生产的茶叶行销国内外，新加坡、马来西亚、菲律宾都有他生产的茶在销售。

而在和马桢祥同一时代的马帮巨头马泽如的口述文章《原信昌商号经营泰国、缅甸、老挝边境商业始末》中，记录了类似的内容：

“江城一带产茶，但以易武所产较好，这一带的茶制好之后，存放几年味道更浓更香，甚至有存放到十年以上的，出口行销中国香港、越南的，大多是这种陈茶。因为一方面经泡，泡过数开仍然有色有香；另一方面，又极易解渴，且有散热作用，所以中国香港一般工人和中产阶级很喜欢喝这种茶。这种茶一部分还从中国香港转运至新加坡、菲律宾等地主要供华侨饮用，因而销量也比较大……由于陈茶的价值卖得高一些，我们一方面在江城收购陈茶，一方面增加揉制产量。”

从这两段文字中不难看出，早在20世纪三四十年代，经营易武茶的从业者们就发现“制好之后存放几年的茶，存放时间越长，味道也会越浓越香”，也刻意将新茶存放陈化之后再进行销售，也说明“越陈越香”是受到当时的消费者认可的。

当“越陈越香”的字眼再一次出现在普洱茶的文献中，是在周红杰主编的《云南普洱茶》一书中，作者分析整理了一份中茶公司的会议记录：

“云南发酵普洱茶的加工从20世纪70年代初开始在昆明茶厂、勐海茶厂试制，经过几年的研制后，工艺基本定型。于1979年制定了云南省普洱茶制造工艺试行办法，并在全国国营厂家推广实施。在试行办法中定义了云南普洱茶的品质是越陈越香。”

“普洱茶是由茶叶中的多酚类物质经过缓慢地后发酵转化作用而形成独特的色、味、香，具有越陈越香的风格。在历史上，这种茶后发酵是在交通闭塞、长途储运的漫长岁月中形成的。今天由于交通发达，昔日从普洱产地到销地要一年以上的运输时间，而现在只要几天或者几个小时就可以到达销地。因此要保持普洱茶独特的色、香、味，就必须采用速成的办法来制造。”

另外，由中国土产畜产进出口公司云南省茶叶公司在1990年出版的《茶的故乡——云南》一书中也写道：“云南普洱茶有越陈越香品质好的特点，可以长期保存饮用”。

2018年，李乐骏校长和邓时海先生有关越陈越香的直播访谈

当时普洱茶的市场有限，“越陈越香”的观点传播也仅仅局限于小范围内。

直到1995年，中国台湾师范大学邓时海教授所著的《普洱茶》一书中明确提出“越陈越香”。2004年简体字版的《普洱茶》一书在大陆发行，“普洱茶越陈越香”的概念深入人心。

“在数百种茶中，普洱茶最能代表我国的历史文化的产物。一是普洱茶保有我国古代团茶的形态。二是普洱茶除了一般茶叶重视原料，更讲究其时间年代、具体历史价值意义。三是普洱茶具有‘越陈越香’独特的风味特色。四是一旦喜欢上普洱茶，常常品尝，对其他茶汤会有难以入口接受之感。普洱茶真为茶中之茶，也是中国茶历史文化的代表。”

“驱使普洱茶日益彰显崇高地位的诸多因素中，越陈越香是决定性条件。”

“近些年来，中国茶叶界，可以说是迈向复兴而开创的时代，整个中国茶叶市场、茶文化都显得十分活跃。尤其借重新科学技术的研究，有了急速发展进步，各种茶类的研究报告文章相继发表，资料日渐充实。但是，大多偏重在配合大众口味推广的资料，而有关越陈越香独特风味的文字很少出现，极有可能‘越陈越香’会变成普洱茶风味中一个历史名词了。”

“越陈越香”作为普洱茶的核心价值，从被发现到被重视，被越来越多的人接受，让人觉得过瘾，让人念念不忘。普洱茶的兴盛与“越陈越香”的概念的广泛传播，有着重要的关联。

参考文献：

［1］中国人民政治协商会议云南委员会文史资料委员会编 . 云南文史资料选辑第九辑 [M]. 昆明：云南人民出版社，1989

［2］杨中跃 . 新普洱茶典 [M]. 昆明：云南科技出版社，2015

［3］周红杰 . 云南普洱茶 [M]. 昆明：云南科技出版社，2015

［4］邓时海 . 普洱茶 [M]. 昆明：云南科技出版社 ，2016

［5］杨耀辉 . 普洱茶“后发酵”之谜 [J]. 普洱杂志 2006（2）：82-87.

［6］庄生晓梦 . 当我们谈论越陈越香的时候说些什么？ [J]. 普洱杂志 2017（8）：45-50.

茶文化，像一个包罗万象的大容器，既具有几千年沉淀下来的丰富意识形态，又具有漫长时间深嵌民间生活的物质载体。可在今天，真正懂得它们、了解它们的人少之又少。而茶教育所要做的，就是在人们心中种下那一颗“美”的种子—— 一颗“中国韵味美”的种子。这粒种子根植于文化自信之上，深入记忆底层，伴随着成长，灌入心脉。

茶，在我们看来，不是一个简单浅薄的娱乐，而是一种具高级智慧的生活方式。所以茶文化在今天，不仅要讨论传承问题，更要讨论落地和升华茶文化的问题。在茶教育这方面，“路漫漫其修远兮，吾将上下而求索”。

中国人的生活之美，应该从一杯茶开始，生活需要文化的仪式感。从一杯茶开始，守住心中的悠然清雅，也守住了一方美好；守住茶心，也就守住了我们民族文化的希望。

茶的教育

临风一啜心自省

一流茶师，用志业超越苟且

李乐骏

副教授，茶文化学者，普洱茶专家，生活美学教育专家。现为弘益大学堂校长，华茶青年会会长，云南省弘益职业培训学校校长，国家人社部茶艺师国标审定专家，云南弘瑞君益文化产业投资有限公司董事长，云南省茶叶流通协会副会长，中国国际茶文化研究会理事，云南省青联委员。

我靠茶业与茶业靠我

一流茶师是茶界真正的脊梁，稀缺，宝贵。

德国社会学家马克思·韦伯提出过一个理念“志业”，翻译很妙。汉语中还有一个词“职业”，谐音，但是意思正好相反。所谓职业就是job，就是一份工作。所谓志业就是志向和使命之所在，一辈子要为之奋斗的一种事业。马克思·韦伯说，现代人有更多的知识，但是没有灵魂。我们的理性，或者说我们的心思都越来越偏重于工具性的，而不是一种真正的求知的理性。“志业”这个词听起来有点拗口，有个英文词更能说明问题：calling，意即召唤，来自上天的召唤。所以有人把它译成“天职”，特指一类活在这个世上做诸多事情，说诸多话语，不是出于功利的考量，而是出于一种强烈的使命感的人。

一流茶师与二流、三流茶师最大的区别在于，前者把茶业作为志业，后者把茶业作为职业。

我无意批评其中任何一种类型，只是在召唤一种更好的可能性。其实，在今天浅浮的茶界，持有正确职业态度，用正当劳动养活自己，甚至养活团队的茶师亦很难得。市场上不是还

由弘益大学堂发起的首届中华教育茶论坛。湖南农业大学、浙江大学、云南农业大学、西南大学、江西省社会科学院参加论坛的部分专家学者合影

有大量学艺不精、诚信不足、朝三暮四、异想天开的四流甚至七流茶师？然而，与“我靠茶业”的“职业”观念相比，我们更加期待“茶业靠我”的“志业”精神态度。

要我学习与我要学习

成为一流茶师的历程，没有捷径。一靠立志，二靠学习。学习的首要，是获得正确的学习观念。

长期以来，我们的教育被一个个具体短期的、背后含有威胁性的目标所驱动的。这是一种外在的驱动力，学习不是因为你想学习，而是因为不得不学习，你一直被警告不努力的结果是什么。所以，当完成了一个个的阶段目标，终于达到那个所谓最终目标的时候，发现那其实也是一个阶段性的目标。当把这些表层的目标都完成的时候，遗憾地发现自己就莫名成了一个很庸常的人。今天茶教育行业，充斥着短期功利教育的乱象，缺乏教育信仰，飘浮着短期培训速成的执念。只为一本“证书”而学习，只为“干货”而学习，只为“社交”从而把茶卖掉而学习。这般学习观念，还没有开始，就已经落于下风。“取法乎上仅得其中，取法乎中仅得其下。”如果没有一个长远的目标，仅仅是奔着一个浅近的功利目标，最后达到的结果往往也是大打折扣的。

斯坦福大学教育研究所的威廉•戴蒙教授，通过长期研究发现：优秀的、真正有创新潜力的学生，学习动机往往不是由阶段性目标外在驱动的，而是由内在目的驱动的。前者是要我学习，后者是我要学习。这对应英文当中的两个词，一个是target，一个是purpose。Target就是一个具体的目标，本意是靶子，指确切的阶段性的目标。Purpose是指有意志力的目的，做事的内在缘由和意图。威廉•戴蒙教授提出了一个观点：我们的现代教育里出现了一个很严重的缺失，就是我们越来越忽视purpose，而越来越用具体的target去驱动我们的学习。

第二届中华茶教育论坛

弘益大学堂校长李乐骏在做茶教育主题分享

饭碗、手艺与大教堂

管理学界有个著名的“三个石匠”案例：一个人遇到三个石匠，问他们在干什么。三个石匠表面上干的都是一样的工作，但是三个石匠的回答却很不一样。第一个石匠说，我终于找到了一个不错的饭碗；第二个石匠说，我做的是方圆几十里数一数二的石器活；第三个石匠的回答截然不同，他说我在建大教堂。

从学习观念的角度，第一个石匠和第二个石匠，他们做事的动力都是来自一个很具体的、阶段性的目标，就是得利或者得名。而第三个石匠的回答是我在建一个大教堂。解释一下什么叫“大教堂”。大教堂跟一般的小教堂是不一样的，它从开工之日到完工之时，往往要隔一两百年甚至两三百年。科隆大教堂建了好几百年，巴塞罗那圣家族大教堂从1882年开始建，建到今天还没有完工。有一个词叫“大教

第三届中华茶教育论坛

堂思维”，就是说我们在做一件事情的时候，哪怕自己看不到这件事最终完成，但是你知道自己做的这件事是跟一个宏伟的目标连在一起的，从而产生一种强烈的使命感。第三个石匠的回答，可以用一个词来准确表述，就是purpose。它是一种长远的、并不局限于具体的哪件事上的一种目的。今天已经泛滥但没有几人能把握精髓的词语“匠心”，要真正做到有“心”的匠人，每落下一锤，脑中都要有一间“大教堂”。

在一个丰盛而恰当的时代，复兴中国茶业，更要完整地继承创造中国茶的精神境界，这无疑是建造一所真正的“大教堂”。它可能需要不止一代人的努力。上一代“石匠”的名字，今天也许有些过时，吴觉农、范和均、李佛一、陈椽、冯绍裘、陈文华，名单可以很长。这些“石匠”一定没有鲜亮的形象照，甚至没有一件得体的茶人服。但他们有健康的心灵，壮丽的理想。百年前，他们远赴日本欧美学茶，国家疲弱，妻儿尚小，心中有一种坚定的purpose，一个使命。活在更加充裕的当下的我辈茶人，实在没有苟且的理由，我们之中至少应有一群人，坚定地看向远方的田野、大海的方向。

要么死心，要么死心塌地

作为一位年轻的校长，我要提醒今日教育功利化的通病正是用浅显的阶段性目标作为我们学习和努力的全部动力，从而造成一个重大缺失，那就是我们学习努力的内在动机丧失了，而内在动机才是真正永恒的动力。一流的茶师，应是终生学习的。如果我们没有在内心培植一种强烈的内在动机，那么终生学习就丧失了真正的动力，我们在学习的时候就已经无声地自废武功。世间万物，茶的功利性是很低的，不喝茶不会死亡。茶教育的功利性更低！不学茶又能怎样？茶教育存在的价值，一定是站在功利教育的对立面。用茶，久违的植物与自然，启迪人存在于世真正的价值所在，这或许就是茶道的要义。一流的茶师，应是抱持志业、善意美好的教育理想的先行者。

也许有人说，这不又是大道理吗？大部分人的生活中就是需要一个个看得见的小目标，为何要想那种看不见的虚无缥缈的长远使命？当有这样问题的时候，我就想到美国哲学家威廉•詹姆斯的一句话：观点其实不是对现实的描述，而只是个人气质的流露而已。

成为一流的茶师，与在任何一个行业成为顶尖人才一样，要么死心，要么死心塌地。既不死心，也不死心塌地，是一个充满陷阱的中间地带。立志当高远，学习要终身，当以此超越，何必苟且。

我辈努力。

世界共享中国茶，我在路上

黄筠筠

英国南安普顿大学教育硕士，多年从事对外传统茶文化传播和教学。国家高级茶艺师，国家高级评茶员，中阶香道师，茶艺英语课堂讲师，国际双语对外茶文化传播者，「世界共享中国茶」系列公益茶文化活动策划发起人。

曾经，我是一个对外汉语老师。只是和其他老师不同，不经意地转身，我已在对外茶文化推广之路上走了数年。对茶的喜爱，对教育行业的热衷，以及内心深处那不易被人察觉的“大我”使命感，让我携茶前行，让世界共享一杯中国茶。

我和我的外国学生们
——她用有限的茶知识分享中国茶　爱沙尼亚·Mai

“Me and my snail…thank you Bella for this present. My every tea ceremony starts with story about you!”

——*爱沙尼亚·Mai*

深夜，收到相隔时差5个小时，来自爱沙尼亚好友Mai的微信。思念便开始蔓延开来……Mai是个非常乐观、热爱生活的挚友，来自爱沙尼亚的她热情奔放，因先生工作的原因，她在深圳生活了3年。我们因茶结缘成了挚友。茶让她有了娴静的另一面。送她的茶宠小蜗牛，

黄筠筠为外国学生讲茶课

就像安坐茶席前的她一样，时间就此慢下来，岁月宁静从容。回国以后，她在当地的一家中国夫妇开的茶馆里担任起茶艺师，开始组织分享她所痴迷和热爱的中国茶文化，而每一次她展开的关于中国茶文化的活动里，故事总是会从一只蜗牛说起……

我和我的外国学生们
——那场“巴山夜雨”幸福了整个夏天　日本·美和

“在深圳这个现代都市里，我常常察觉不到自己是在中国。这里和我曾经去过的其他国家究竟有什么不同？到底什么才是中国的样子？直到那一天，我走进了Bella（筠筠）的工作室里，我才知道，我确实在中国。”

——日本·美和

爱沙尼亚的Mai和她的茶会

美和是一位集才华与美貌、善良与贤惠于一身的日本女生。她多才多艺，说得一口流利标准的普通话，上得厅堂，下得厨房，做得一手好吃的点心，更泡得一壶好茶。在深圳多年，她很遗憾一直没有找到合适的机会接触传统茶文化，直到我们相遇，因为茶碰撞出奇妙的火花。某一天早晨，我们一对一上着茶课，天色突然暗沉，瓢泼大雨倾泻而下，击打在茶室屋顶上；雨水拍打，如大珠小珠落玉盘。茶室内光线不足，于是我点燃了桌上的老煤油灯，只见灯芯微晃，窗外树影肆意摇曳，张牙舞爪，而雨声也几乎掩盖了我们说话的声音，此景不禁让我想起了李商隐“何当共剪西窗烛，却话巴山夜雨时”的场景，于是和美和分享了这首诗的诗意和场景。虽然和诗里主人公身份角色有所不同，风景却像极了诗里的样子。而令我惊喜的是，美和随即用日文朗诵了《春晓》一诗，她害羞地解释到，当下的场景也不禁让她想起这首诗。这般以诗应和，倒有几分古人对诗的意韵在，妙哉。

“很幸运，在我回国前能遇见你，让我在深圳的生活变得如此不同，谢谢你，亲爱的 Bella。”回国那一天，美和发来的信息，话语寥寥，却让我在对外茶文化推广的路上，又增加了几许决心和信心。

Mai在儿子的幼儿园与小朋友们进行的中国茶沙龙活动

我和我的外国学生们
——颤抖的双手，是他的敬畏之心　加拿大·Blair

"I have made tea for many people and tea is one of my great pleasures in life, thank you so much for teaching me."

——加拿大·Blair

2015年，个人工作室正式开启的那一天，加拿大学生Blair经过提前的反复练习，为当天到来的同行的老师和同修们呈现了一场特别的开场茶艺展示。我特意挑选了Blair喜欢的英文歌。作为他的好朋友和学茶指导老师，当看见他怀揣着恭敬的心情，带着他微微颤抖的双手完成奉茶动作时，我忍不住眼眶里的泪花打转，而这种感动和震撼，我知道当时在场的人，都有相同感受。Blair热爱中国文化，他常常会跟着我参加各类不同的茶会、逛深圳的茶博会、认识不同的茶老师，他真诚对待朋友送给他的茶。他也带着他的茶，回到加拿大，指导他的家人。一家人穿着中国的唐装或旗袍，泡着中国的茶，学中国人啃

外国学生们进行六大茶类辨识

鸡爪。“我为身边很多人泡茶，而茶是我一生中最大的乐趣之一，非常感谢你教我。” Blair回想起在中国学茶的日子不禁感慨。

我的外国学生们，曾有许多让我感动的瞬间和举动。有时候茶会前，他们会认真地问我，茶会期间能不能提问或分享感受（有些学生接触过非常有仪式感的日本茶道，行茶过程中为止语状态），而我也总是尝试用不同的方式让他们放松，让他们惬意愉快地享受茶带来的美好时光。而这一切并非指我们的茶会雅集不庄重，没有仪式感。茶室里的背景音乐也常常是多样的，甚至有英文的，有粤语的，每次听到熟悉的节奏，他们也忍不住跟着哼几句，而不是过于静心的古乐让他们觉得约束。我用自己的方式，让他们更自在地享受整个过程，得到他们想要的答案，帮助他们更好地在深圳和当地人交流文化、交流茶；如此，便为他们打开一扇窗，他们也开始为窗里的美景而期待而认真。

我在茶里“环游世界”

对年轻姑娘们而言，大多有个属于自己咖啡馆或茶馆的梦想。而我无疑是幸运的，我用自己的“任性”和“冲动”，提前实现了自己的茶室梦想，也在对外交流茶文化的旅途中，领略着世界的美。对外茶文化分享的这些年里，学生们来自不同的国家，不同的是国籍，相同的是对文化和艺术美的追求和对茶的热情与探索。

他们想了解深圳，了解中国，了解历史古老的茶文化。他们在一杯茶的工夫里，学习什么是叩指谢茶，了解倒茶七分满的用意；他们尝试潮州工夫茶滚杯的动作，又常因为自己烫到手的滑稽而忍俊不禁；他们开始了解到茶的分类并非因为茶汤的汤色，也知道了茶树有灌木、小乔木、乔木的不同形态；他们关注茶的养生功能和有机成分，并认真学习科学品饮的方式；他们渴求茶席上的中国礼仪和文化。茶席之上，茶汤公道，无分辨心，也无差异心。我们因为茶相遇，因为茶文化相互学习和尊重，也因为茶种下友谊的种子。渐渐地，他们的家里，开始为茶留出一席之地，学着他们的中国朋友，有了客来敬茶的习惯。

教学相长，在不同文化差异中的碰撞、分享与茶的交流里，我也实现了“环游世界”的美好。为了准备好每一场茶会雅集，满足来自不同国度的他们对于茶的渴求和好奇，我也开始不停深入地学习：不一样的茶文化和茶的呈现方式，不同国家间的礼仪，茶叶如何外销、落地他乡，中国茶如何征服世界，又如何影响着当时的世界格局。

我在英国学生的身上了解英式下午茶和他们高雅的下午茶文化； 从

与外国学生举办茶会

黄筠筠在弘益茶会作分享

土耳其学生的分享中，体验土耳其子母壶的冲泡和使用，学习他们煮红茶的特殊方式；我在阿根廷的热情探戈里感受着奔放，也追溯着它曾经在盛行的英式下午茶馆里如何眉目传情，还有他们别致的马黛茶和茶具；我在韩国朋友含蓄友好的下午茶邀请中，也体验着韩式饮茶的茶礼；我在和荷兰朋友分享传统正山小种的过程里，跟着他一起回忆几十年前品饮他的父母购买的中国茶里的第一缕关于中国的印象；我和俄罗斯的朋友们探讨着万里茶道，曾经辉煌的茶叶贸易……我在那么多的对外茶文化交流茶会和雅集里，认真地为他们谱写恰当合适的茶谱，幽默、有趣味的分享氛围，也成了这些过程的主基调。在交流碰撞中，我们因茶结缘，以茶为礼，用茶达情，我们共同习得世界茶起源于中国，共同品饮着工艺不同的中国茶，也感受着国际化、多样化的饮茶方式和习俗。

“转身”途中，曾有困惑，但前行路上并不孤独

转身途中，也曾彷徨。那时的我，在对外茶文化传播的道路上仍有些迷茫，对于专业词汇的匮乏，寻找合适的、恰到好处的专业词汇显得十分困难；同行人员的稀缺，使对外茶文化的行业交流也变得匮

乏，关于外籍茶友对茶相关的知识点和对中国文化感兴趣的方面也处在探索和积累状态，而自身对茶及传统文化的学习也仍需要提升；更现实的是面临对外推广的实际收益和物质回报更是一次次挑战，外籍茶友对茶的了解和消费也面临引导和提升的问题。

2015 年，我遇见弘益大学堂，也很幸运听见李乐骏校长对于中国传统文化传播所体现出的大格局。弘益，增加了我更加果断往前走的信心，而同时，我也关注着弘益文化传播的许多动态，并和身边同样从事对外中国文化推广的国内外小伙伴们保持交流，与他们分享相关的英文书籍和资料。还记得那时候对自己说过的话："这个过程，专业茶英语词汇的不断深造，中国传统文化的继续学习，专业茶知识的武装，任重而道远。"而我清晰记得李乐骏校长的那句"对外茶文化传播，既要着急，更要坚守"。是的，守。守住自己对外传播茶文化的快乐和信仰，守住当初遇见茶的单纯美好，守住自己不受外界不善言语和不良现象影响的定力，更守住自己作为中国茶人一份子展现的形象与素养。我很庆幸，自己学习的是教育，喜欢分享，更乐意去交流和互动，

黄筠筠带领国外学员体验宋代点茶

深圳国际女性俱乐部公益茶会

在这些年的对外茶文化交流过程中，我同样从分享和学习中得到滋养。

而如今，坚持数年下来，虽然一路多有不易，我也明白坚持得越久，对自我专业素养和综合能力的要求便要更高，肩上承担的责任和使命感将会更强。我曾多次回想，如果没有遇见茶，也许我便会和这世间最美好的事物擦肩而过，或者只是一个停留在门外汉看热闹的状态；如果没有遇见茶，没有学习茶文化，我又如何这么早开始接触、学习其他的传统文化，我便不会在这样的年龄里开始去了解插花艺术、香道艺术、中国的古琴、博大的瓷器文化和历史，也不会走到我热爱的茶山里去，与茶近距离地交流。当这所有的一切一点一滴来到我面前的时候，因为心生敬畏，因为时刻以文化传播为“大我”己任的信念，我会去珍惜，去敬重艺术家们的作品和演绎，并尽自己所能去和更多的中外友人分享和传播。

如今，在深圳，我和同行的搭档有了现在的观千文化空间，名字叫“观千”。“观千”二字出自《文心雕龙》“操千曲而后晓声，观千剑而后识器”。正符合了我们对茶、对器、对传统文化的理解。在传统文化传播的过程中，我们能力有限，作为我们更好向前行的根据地，我们只能做好自己擅长的两三件事。这里有很多款茶；这里有各个不同时期、不同窑口的瓷器标本；这里有广受专业玩家追捧的茶器；这里有不同领域的专业人才。

而我，作为一个泉州人，我怀抱期望，也许将来某一天，我能结合我的对外茶文化推广，带着我们泉州古老而有魅力的文化艺术——提线木偶和南音这样悠久的文化，一起走向世界。茶叶是世界三大饮料之一，中国正是世界茶叶的发源地。我们有着丰富的茶叶资源、精湛的制茶工艺和优秀的茶文化传承。一茶通六艺，茶叶正是我们重拾文化自信、弘扬传统文化的极佳切入点。且相信，星星之火，可以燎原，让世界爱上中国茶！

西非友人了解茶养生与瓷器文化

亲子茶道：教孩子泡茶，不是为了让孩子更有竞争力

青桐

苏州专栏作家，日文翻译，传统文化讲师，国家高级茶艺师，国家高级评茶员，中华和香师。苏州电视台《名家讲坛》《品茶养生经》特约专家嘉宾，著作有《茶知爱》。

中国妈妈，神一样的存在。全职妈妈，是世界上最难的职业，没有之一。

此职业技能要求如下：文武双全——文能相夫教子，教书育人；武能泼妇骂街，棍棒出孝子。

此岗位德行要求如下：无私奉献，任劳任怨，牺牲小我，成全大我。

一旦登上妈妈宝座，便是终生服役，永无休止。中国妈妈，被逼成了神，人的属性就很少有人去关注了。所以伟大的妈妈们，总有种莫名的恐惧和焦虑，投射到孩子身上，就更加希望孩子出人头地——因为牺牲了那么多，都是为了你。

作为一个全职妈妈，一个茶道中人，我常借题发挥，用茶教育孩子以礼服人，明明只是杯茶，我还能上纲上线，让孩子用茶来孝顺父母。后来发现自己有点走偏，教育太有心，我反而变成了一个“心机满满”的妈妈，结果孩子的孝顺也很刻意。“想孝顺父母”和“应该孝顺父母”，起心动念完全不一样，前者是本能，后者是责任。爱，不需要太刻意，一刻意，就变成责任，离爱的距离就有点远了。

其实家长既无奈又无助，时代大环境如此，每个人都很难不随波逐流。周围的妈妈们全年无休地奔波在各种培训班里，孩子们更是疲惫不堪。可怜的孩子们，物质再富足也不开心。

在竞争激烈的中国，孩子的出路在哪里？有很多家长，把孩子送

到我这里学茶，说希望孩子更有竞争力。我说：“学茶，就是让孩子放下争强好胜之心，让自己内在平和淡定，只有这样，才能在如此强大的时代好好地活着。活着，首先得开心，这是本能需求。学习不是为了竞争，而是因为热爱。即使茶不能让你更有竞争力，但茶本身，足够滋养你的心，会自得其乐，就不会孤独空虚。学茶，重在调心。超越别人也不是最终目的，超越自己才是。所以真正的竞争对手，只有一个，就是自己。一生要做的事也很简单，不断超越自己，仅此而已。”

所以，孩子的出路，在家长的观念里。

一个人追求幸福，很容易，但追逐比别人更幸福，就会很难。这样的初心，一生都会劳苦，因为总有人比你更好。幸福不是比较级。我们要的是孩子成为一个容易幸福的人，而不是一个比别人更幸福的人。

快乐是一种习惯，更是一种能力，也需要从小培养。

长期活在压抑中的孩子，快乐的能量注定匮乏。从中医角度讲，长期肝气郁结的孩子，脾胃就会很弱。因为木克土，从肝到脾，又进

了一层，脾属中土，是枢纽，如果伤了脾胃，清气不升，浊气不降，整个身体的气机就无法正常运转。脾差了，一切都差了，等着孩子的，就是一轮又一轮的恶性循环。

父母望子成龙，最终还不是希望孩子幸福快乐！

如果孩子成功后也不快乐，那这种教育一定是失败的。回头长大了，还要学习如何让自己快乐。不要让郁郁寡欢成为一种不自觉的习惯，别人关注孩子飞得高不高，而父母首先该关心孩子累不累、快乐不快乐。

就像万丈高楼的地基，如果不扎实，那再高都只是一个危楼。只是在地下，你看不到危机四伏。现在太多的关注点，聚焦于孩子的学业，对于孩子的心理和生理健康，就没那么看重。时代太强悍，它可以轻易改变你的价值观，这种无形的力量推着你身不由己。但是我不要孩子成为时代的牺牲品，所以我选择了一条非主流的道路。

价值观，决定孩子的未来。

如果你认为成就大于一切，哪怕牺牲健康、快乐都在所不惜，那就去追随时代，并且要承担相应后果。而我坚持自己的价值观，把孩子的健康和快乐放在第一位，然后才是学习。我也会承担一定风险，就是孩子在早期不会太出色。

现在教孩子茶道，不会刻意，开心就好，其他都是浮云。至于孝道、礼数、大道理，就像种子一样撒在孩子的心里，等它们慢慢生根发芽、开花结果，不再强求。每个孩子的花期不一样，有些早，有些晚，有些没有花期，可能是参天大树。最重要的还是父母身体力行。教者，本就是上所行，下所效。

人生很长，一个童年，玩就玩了，不必较真，玩里面也都是道道，快乐本身也是一种道，“神仙之道”若不快乐，还有何值得追寻？

人生最后拼的就是身体和心灵的双重健康，看谁能打持久战，好戏都在后头。每个妈妈都要有一颗淡定不焦虑的心，温柔地等待孩子的成长，因为早熟必定早衰，就像早熟的张爱玲说的“生命自有他的规律，我们唯有临摹”。

一棵树撼动另一棵树

兮浅
弘益茶道美学撰稿人。

教育是什么？关于这个问题，在德国著名哲学家雅斯贝尔斯那里，我找到了精彩且富有诗意的回答。他说:“真正的教育，是一棵树撼动另一棵树，一片云推动另一片云，一个灵魂唤醒另一个灵魂。”最好的教育，从来都是一种潜移默化而深远持久的影响。这无疑是在告诉我们，教育从来都是一件急不得的事情，“立竿见影”“急功近利”这样的词汇不该出现在教育之中。

而在这份“慢”的事业之中，老师和家长却把孩子的分数看得那么重要，读书学习变成了考试提分，所谓的教育成了“教孩子如何考试，如何把试考好”。离开了应试教育，读书还有什么用呢?

教育，更好地了解自己

前两天在微博上很火的一个段子，刘备向关羽和张飞表达了结义的意愿之后，关羽与张飞的回答，生动地印证了“书到用时方恨少”。关羽“择木之禽，得栖良木；择主之臣，得遇明主”，既恭维了刘备又表明了忠心。而一旁的张飞全程都只用一句“俺也一样”。不少网友看过视频，纷纷留言“吃了文化的亏”。虽然，这只是一种玩笑调侃，

弘益大学堂茶师养成精修班课堂

但也在不经意间传达出教育于人的意义。

教育的核心，是让孩子们有健康、正向的心态，良好、积极的习惯，充沛、饱满的精神，清晰、明确的思想，开阔、远观的视野，沉浮、有度的心态，最后才是必须要掌握的知识。教育不仅是知识的传播，更是对个人修养的提高、对生命感知的提升，从而使个人获得自我认知、自我发展的能力。

我们学了十几年，但在踏入社会这大门之前，依旧会感到迷茫彷徨。临近毕业的众多大学生们，心中还是没有想明白，不知道自己毕业之后该做什么。这是为什么呢？因为我们的教育少了那么一门“修心”的课程。

不了解自己，我们不知道自己是谁，不知道自己从哪来，那就更不明白自己要到哪去。

在心中种下“美”的种子

中国是四大文明古国之一，五千多年来的悠久历史，我们的先辈给我们留下了无数灿烂辉煌的精神文明文化。中国社会是尊师重道的，古语有云“国将兴，必贵师而重傅”。“重道”是我国传统文化的重要特征。今天的我们，提倡茶道、花道、香道，就是为了把我们从浮躁的生活拉回到传统文化的美学生活之中。

一片树叶，落入水中，改变了水的味道，从此便有了茶。中国是茶的故乡，也是茶文化的发源地。茶文化的内涵，其实也是中华文化内涵的一种体现。茶的最初形式是农业，渐渐地以一种人文形式出现在我们的生活中。通过沏茶、赏花、闻茶、品饮等习惯，与中华传统文化内涵及礼仪相结合，而形成一种鲜明的中国文化现象。茶道是属于东方的文化，它通过品茶活动来表现一定的礼节、人品、意境、美学观点和精神思想。中国茶道吸收了儒道思想精华。“天人合一”的哲学思想注入茶道，茶人崇尚自然、朴素。

同时与茶相关的，如茶器、茶席布置、意境营造的香器等相关的周边产物，追溯它们的历史，从它们的制作工艺技巧来看，每一样后面都承载着一个庞大的知识体系，都属于中国传统文化范畴。从园林、雕窗、篆刻书法、服饰刺绣、茶艺、插花、瓷器……每件器物都透着“低调奢华有内涵”，中国元素华美而清冽，有种红叫中国红，那有种美则叫中国美。

可在今天，真正懂得它们、了解它们的人少之又少。而教育所要做的，就是在人们心中种下那一颗“美”的种子—— 一颗“中国韵味美”的种子。这粒种子根植于文化自信之上，深入记忆底层，伴随着成长，灌入心脉。

从一杯茶开始的教育

有的人喝茶是为了解渴，为了静气提神，为了给白水加点味道，但是茶在我们生活之中，不应该只是一种饮品。茶，也是一种文化，一种生活方式。只要用一杯茶，就可以告诉你生活有多美。中国人的生活之美，从一杯茶开始，中国人的生活需要文化的仪式感。

在一盏茶中，正蕴含着这样的处世哲学，我们专注冲泡每一泡茶，认真感知茶中滋味，亦以认真的态度对待生活；茶中的仁、义、礼、智、信给人带来谦逊礼让，待来者以诚，欢喜相迎，奉上一杯茶；茶是大自然的恩赐，我们感恩手中这杯茶，懂得自然的恩赐，心怀给予不求回报，人也变得宽容快乐。

梁晓声说：“文化就是根植于内心的修养，无需提醒的自觉；以约束为前提的自由；为别人着想的善良。”文化是收敛于心，而在外所呈现的修养。茶作为文化传递的媒介，以一种日常的姿态出现在我们的生活里。这种文化的输出将是春雨般润物细无声的，潜移默化进入我们的心里。在品一盏茶的时间里，学会沉淀思考，拥有去思考的时间和能力。

从一杯茶开始，守住心中的悠然清雅，也守住了一方美好；守住茶心，也就守住了我们民族文化的希望。

生活美学已经成为全球美学发展的大势所向。中华生活美学更是蕴藏着诸多人生的智慧和哲理，是润物细无声般的精神滋养，更是中华文化的传承载体。当下社会，中国的茶文化博大精深，它的发展壮大是中华审美意识和文化之美的重要体现。

从古至今，中华生活美学强调的是一种从容不迫的生活态度，是用心去体验闲情逸致的一种慢，也是一种淡泊而睿智的生活方式。在生命的进程中，一盏茶的时间，或许就能让我们戒急戒躁，让我们懂得珍惜时光的馈赠。如偶然间的暗香飘至让人身心澄澈。行茶的时候，我们更能体会，全力以赴的专注，是一种极致的仪式感与认真的美。

在茶文化中感悟人生，唤醒心里搁浅太久的记忆，方知中华生活美学之精妙。热爱生活，热爱生命，从美开始。

茶的美学

落花风度煮茶声

中国生活美学的兴起与架构

刘悦笛

中国社会科学院哲学所研究员，北京大学博士后，辽宁大学特聘教授和生活美学研究院院长，美国富布莱特访问学者，曾任国际美学协会五位总执委之一和中华美学学会副秘书长，出版《分析美学史》《生活美学》《当代艺术理论》等十余部中文专著。翻译维特根斯坦《美学、心理学和宗教信仰的演讲与对话集》、沃尔海姆《艺术及其对象》等五部。编著英文著作《生活美学：东方与西方》《当代中国艺术激进策略》两部，任英文期刊《比较哲学》《东西方思想杂志》编委。

全球与中国："生活美学"为何兴起?

其实，我们所要的并不仅仅是生活的美学，美学并不是高头简章，我们恰恰所要的是审美的生活；美学恰恰是要结合道与器，要融入大众的生活当中。

我们的时代生活越来越审美化，生活美学才应运而生。

生活美学既是"全球美学"，也是"中国美学"，生活美学之所以成为全球美学最新主潮，成为中国美学最新思潮，实际是因为生活艺术化与艺术生活化是大势所趋。然而，中国美本然就是生活美，中国人据于儒、依于道、逃于禅，形成了活生生的审美生活传统。从中西交流来看，可以说这个世界"既是平的又是美的"。在 2014 年，我邀请了国际美学会主席美国美学家柯蒂斯卡特，我们在剑桥学术出版社出了一本书，叫《生活美学东方与西方》，它是第一本东方人参与研究的美学著述。现在也在向国际来推销中国人所做的生活美学。对西方来说，2015 年是他们推出生活美学的第一年。中国人做生活美学要比西方人早 5 年，因为我们 2011 年已经完成了生活美学的基本建构。

第二点，我们来看生活美学，既是"当代的美学"，又是"古

典的美学”。当代人，既需要全球的生活美学，还需要审美化的中国生活。中国美学不只是西学的“感”，更是本土的“觉”学。美学恰是一种幸福之学，生活美学是自本生根于华夏，由此“审美代宗教”才可能成就理想之路。从古今交融来看，世界“风月无边”。生活美学，既是“感觉之学”，亦是“践行之道”， 生活美学并非玄学空论，要真正融入生活中。宗教要回答“生活值得过吗”，美学则回应“何种生活值得追求”，美学恰恰可以成为第一哲学。没有宗教的生活有何种意义，恰恰是全球的未来难题，中国生活美学智慧虚位以待。从知行结合来看，这世界“大美生生”。

生活成美：“中国生活美学”的儒道禅

在中国美学界，生活美学已经成为最重要的主流性思潮。

生活美学据于儒、依于道、逃于禅，中国古典生活美学三原色：红、黄、蓝。红色代表儒家生活美学；黄色代表道家生活美学；蓝色代表禅宗生活美学，以上三种生活美学是中国古典生活美学的原色和底色。特别是儒道美学，在先秦时期形成后又接受了佛禅美学，形成了三原架构。它们的结合也恰恰可以形成中国人讲究的黑白、阴阳互动这样一个中国美学的本真结构。

中国人据于儒、依于道、逃于禅，形成了他们各自的人生观。第一层美学来源于儒家之美，儒家美学的核心是人、世、礼。儒家美学当中也是特别强调礼者履也，世礼归人依于礼，归于人的生活艺术，当然儒家也强调“乐发乎情”与“礼生于情”的方面，深情践人的生命历程，在儒家美学当中恰恰得到很多的张扬。儒家也强调“孔子闲居”与“吾与点也”这种审美化的生活方式。特别是孔颜乐处是一种包含审美和伦理的高境。

儒家强调儒行之美，与儒家相互补的道家则强调道化之美。道家的核心概念是道法自然，还有另一种说法，是道法自、然。道是遵循自己，而且就是如此。这种道法自、然的追求，恰恰是道家追求唯道集虚的气化和谐；逍遥乐道的乐生之美；庖丁解牛技近乎道的境界；人生茫昧的生命况境。

这两种美学恰恰在中国美学中形成互补。还有一种很重要的美学就是佛禅美学。特别是禅宗美学形成了禅悟之美，如果道家还执着于有无相生，禅宗美学则彻底地放下。我们知道的禅茶一味的说法。道家美学讲究的不离日用的禅悦之味，讲究万古长空也有一朝风月，讲

刘悦笛老师新书《东方生活美学》书影

刘悦笛老师参加在昆明举办的首届当代中国生活美学论坛

究高卧横眠得自由、超以相外的无相之美，禅宗美学恰恰也形成了另一个活生生的美源。

美化生活：“中国生活美学”的方方面面

中国美学三个内在的基本元素和结构，中国生活美学的方方面面，它的构成是什么样呢？这种构成是悦身心、会心意、畅形神的。

中国古典美学就是原生态的生活美学传统，从而形成了一种“优乐圆融”的中国人的生活艺术。从诗情画意到文人之美，从笔墨纸砚到文房之美，从琴棋书画石到赏玩之美，从诗词歌赋到文学之美，从茶艺花道到居家之美，从人物品藻到鉴人之美，从雅集之乐到交游之美，从造景天然到园圃之美，从归隐山林到闲游之美，从民俗节庆到民艺之美，都属于中国古典生活美学所拓展的一些疆界。

比如说花道、茶道、香道。它们是属于中国最典型的生活美学的形态，我们赏花、我们品茶，包括我们的居家之美，占据了中国古典生活美学非常重要的层面。对物倾向，可以从养眼到养心，最后一个境界是养神。眼、心和神，恰恰构成了中国古代文人非常具有层级的意义。一赏而足呢，构成了中国古人赏玩人生的一种境界。从这些方面，我们可以看到中国古典生活美学的结构是非常丰富的。而今天，我们所做的事情其实就是在恢复中国古典生活美学的传统。生活美学并不是由西方人创造出来，我们再去学习西方。

在这个领域，恰恰是我们中国人有了几千年生活美学的传统，我特别支持弘益大学堂做的在现实生活中普及生活美学的工作。希望在今后的生活美学中，作为研究理论的学者能更多地与实践者们结合互鉴。

未来生活美学的发展，恰恰要在道与器之间进行更紧密的结合。同时，也希望生活美学能在未来获得巨大的发展，这种发展是可见的。中国生活美学不仅仅是植根于本土的，它还是我们中国人可以推广到世界上的一种重要的美学形态。

走向我们国人生活的“美”

每个人都要“生”，皆在“活”。

何谓“生活”？生活是“生”与“活”的合一，“生”是自然的，“活”乃不自然。人们不仅要“过”生活，要“活着”，而且要“享受”生活，要“生存”。生活也不仅仅是要“存活”，在存活的基础上，我们都要“存在”。

实际上，人与动物的基本区分就在于，人是能“生活”的，而动物只是“存活”，所以才能“物竞天择”地进化。人类当然也参与进化，但是却能以自身的历史与文明影响进化的进程。的确，我们皆在享用着美食、空气、阳光、美景、劳作、睡眠，如此等等，但这些对象却并不被呈现出来，我们只是依赖它们而生活。一方面，我们的确享有了如此种种对象；但另一方面，我们还在“感受”着这林林总总。

在我们呼吸、观看、进食与劳作的时候，当我们感受到它们的时候，不但可能有痛苦，而且更可能有快慰，还可能有着各式各样的感受。每个人，对于自己的“所过”生活与“所见”他人的生活，都有一种感性的体验。这便是对于生活的“享受”，人们不仅过日子，还在“经验”（体验）着他们的生活。实际上，“所有的享受都是生存的方式（way of being），但与此同时，也是一种感性（sensation）”。我们知道，“美学”（aesthetics）这个词，原本就是感性与感觉的意思，美学之原意就是“感性之学”。所以说，“生活美学”就是一种关乎“审美生活”之学，追问“美好生活”的幸福之学。

几乎每个人都在追寻“美好的生活”。“美好”的生活，起码应包括两个维度，一个就是“好的生活”，另一个则是“美的生活”。“好的生活”是“美的生活”的基础，“美的生活”则是“好的生活”的升华。“好的生活”无疑就是有“质量”的生活，所谓衣食住行用的各个方面都需要达到一定水平，从而满足民众的物化需求；而“美的生活”则有更高的标准，因为它是有“品质”的生活，民众在这种生活方式当中要获得更多的身心愉悦。无论是有“质量”的还是有“品质”的生活，实际上，最终都指向了“幸福”的生活。法国哲人列维纳斯说："来自于某物的生活就是幸福。生活就是感受性（affectivity）与情感（sentiment），过生活就是享受生活。"

由古至今的中国人，皆善于从生活的各个层级上去发现"生活之美"，享受"生活之乐"。中国人的生活智慧，就在于将"过生活"过成了"享受生活"。中国人的美学，自本生根地就是一种"生活美学"，而本书所深描的就是"中国人"的生活之美。基本上，生活的价值可以分为三类：其一为"生理的价值"，其二为"情感的价值"，其三则为"文化的价值"。

首先，生活具有"生理的价值"。所谓"食色性也"，古人早已指明了人们的"本化之性"。然而，生理终要为情感所升华，否则人与动物无异。从生理到情感，这就是从"性"到"情"的转化。梁漱溟先生认为，"生活就是'相续'。唯识把'有情'……叫作'相续'"。

其次，生活具有"情感的价值"。1997 年发掘出来的《郭店楚简》里有"礼做于情"，原始儒家便已指明了"情的礼化"，这一方面就是"化"情为礼，另一方面是"礼的情化"，即礼"生"于情也。进而，从情感到文化，从儒家角度看，就是从"情"到"礼"的融化。

最后，生活具有"文化的价值"。所谓"人文化成"即是此义，这是情礼合一的结果。这就是儒家为何始终走"礼乐教化"之途，它来自"礼乐相济"之悠久传统的积淀。文化作为一种生活，乃是群体性的生活方式。

简而言之，从"性""情"到"文"，构成了生活价值的基本维度，生活美学也涵盖了从"自然化""情感化"到"文化化"的过程。由此而来，根据价值的分类，生活美学也就此可以三分类：

其一就是"生理的"生活美学，这是关乎广义之"性"的。如饮食、饮茶、交媾等，饮茶在东方传统当中不折不扣成为"生活的艺术"，所以才有"茶道"的艺术。

其二乃是"情感的"生活美学，这是关乎广义之"情"的。交往之乐趣就属此类，如闲居、交游、雅集、人物品藻等，这些在中国古典文化当中都被赋予了"审美化"的性质。

其三才是"文化的"生活美学，这是关乎广义之"文"的。在文化当中，艺术就成为精髓。中国传统的诗、书画、功、琴、曲便是集中体现。文化在古典中国亦很重要，园林苗圃之美，博弈等游艺之

首届当代中国生活美学论坛
主讲嘉宾合影

美，游山玩水之美都是如此。

社会人类学家认为，“人之所以不是非人（non-man），那是由于他们已经创造出了艺术想象力，这种艺术想象力是与语言和其他模式化形式的使用紧密相关的而且是随意表现出来，如音乐与舞蹈”。这意味着，艺术化的生活，也是人类区别于动物的重要差异。动物不能创造艺术，也不能生成文化，马戏团的大象进行“绘画”，是训练师进行生理训练的结果。动物不能创造艺术，这是无疑的。至于动物能否审美，动物学家曾观测到大猩猩凝视日落的场景，但是目前还难以得到科学上的证明。人类是“审美的族类”，是“艺术的种族”，从而与动物从根本上拉开了距离，从而能够审美地“活”、审美地“生”！

中国的“生活美学”，恰恰回答了这样的问题：我们为什么要“美地活”？我们如何能“美地生”？所以说，我们也是在找回“中国人”的生活美学。这是由于，要为中国生活立“心”！立“美之心”！

中国茶艺的美学品格

余 悦

江西省社会科学院首席研究员，中国茶文化重点学科带头人，中国民俗学会茶艺研究专业委员会主任，万里茶道（中国）协作体副主席，茶艺国际传播中心主任，《茶艺师国家职业技能标准》编制专家组组长、总主笔，全国培训鉴定教材《茶艺师》主编，江西省民俗与文化遗产学会会长，享受国务院特殊津贴专家。

中国茶艺存在着“思”与“行”两个层面 。“思”需要理念；“行”需要美感 。

中国茶艺美学的形成发展

追根溯源，穷根究底，是了解事物本原的方法。要理解中国茶艺美学，首先就要从其形成和发展谈起。中国茶艺美学的形成与发展，是一个历史的动态过程。

中国人发现和利用茶，已经有四五千年的历史。但是，真正形成茶艺，并且具有美学的品格，应该是在品茶之时。虽然这一源头目前还没有完备的史料证实，不过，起码在晋代就已经初露端倪。晋代杜育的《荈赋》、陆羽的《茶经》是将其作为古代咏茶文学作品录存的，却因其以俳赋形式和典雅、清新、流畅的语言，写出在秋日率同好友结伴入山采茶、制茶和品茗的优美意境，也就具有了不可替代的史料价值。这篇赋被人们经常引用，不妨再重读一遍：

灵山惟岳，奇产所钟。瞻彼卷阿，实曰夕阳。厥生荈草，弥谷披岗。承丰壤之滋润，受甘露之霄降。月惟初秋，农功少休，偶结同

旅，是采是求。水则岷方之注，挹彼清流；器择陶简，出自东隅；酌之以匏，取式公刘。惟兹初成，沫沉华浮，焕如积雪，晔若春敷。

这篇赋最值得关注的，是“水则岷方之注”后面几句。它的大意是：由岷江清流中汲取清新的活水烹茶，煮开泉水。将钟山灵秀气、承霄降甘露的茗茶粉末，置于产自东方的陶器精品中，加以调制成茶汤。等茶汤调妥后，效法大雅公刘以匏瓜瓢酌酒般，用瓠分茶饷友 。茶汤中颗粒较粗的茶末下沉，较细的茶末精华浮在瓢面。匏面光彩如白皑皑的积雪，明亮如春熙阳光。

任何一篇作品，人们都可以做出不同的解读。而杜育的《荈赋》，在我们眼里无疑是一幅绝妙的茶山品茗图，充满着相当完整的品茗艺术要素，也充满着茶艺美学的意韵。在这篇赋里，有自然风光的品茗环境：秋天，四川茶山临流；有品茗的好对象：佳友；有绝佳的茗茶：奇产所钟；有极好的水品：岷江中之清流；有绝好的茶具：产自东方的陶器精品；有优雅的冲泡方法：取式公刘。整个品茗过程，真可以说是美轮美奂，美不胜收。这与此前资料记载的茶的药用、食用，成了两种鲜明的分野。杜育出生的年代虽然难以确定，但他遇难于西晋永嘉五年（公元311年）则是无疑的。也就是说，起码1700 年前，中国茶艺美学就开始萌发。

当然，中国茶艺美学形成，还是在唐代。在这具有“大唐雄风”的时代，中国茶文化才真正定型。作为茶文化一部分的茶艺美学，此前虽有所表现，但很难说有系统的体系。唐代以来，茶艺的审美取向进一步凸显和丰富。各朝各代的茶书、茶诗、茶词、茶曲、茶书法、茶绘画、茶器物、茶建筑，都成为茶艺美学的载体，都有共同的价值指向，即强调具有审美因素的境之美、味之美、器之美、饮之美。所谓“境之美”，是追求幽雅的意境，必须处于一种富有诗意的环境。如“相向掩柴扉，清香满山月”（皮日休句），“婆娑绿阴树，斑驳青苔地。此处置绳床，傍边洗茶器”（白居易句），“夜后邀陪明月，晨前命对朝霞”（元稹句），“夜臼和烟捣，寒炉对雪烹”（郑愚句），都描绘了一种难以与人相道的美境。

陆羽《茶经》虽然设置了二十四种繁琐的器具，但又说在野寺山园、松间石上这些幽野之处饮茶时可以省略，同样可以得到茶道的真谛。所谓“味之美”，就是“啜苦咽甘”的美妙茶味。要达到这一目的，就要选择茶叶品种，对茶的种植、采摘、制备等都要有特殊的要求，而煎煮的技巧更是至关重要，这样才能使茶的美味达到最佳状态。“木兰坠露香微似，瑶草临波色不如”（刘禹锡句），“疏香皓齿有余味，更觉鹤心通杳冥”（温庭筠句），“素瓷雪色飘沫香，何似诸仙琼蕊浆”（皎然句）。诗人们以传诵千古的佳句，使阵阵茶香

飘散至今。所谓“器之美”，是指茶的美色，需要有相应的器具，才能衬托得更加诱人。唐代陆羽《茶经》就记录了采茶、制茶工具十五种，加工、煎饮用具二十四种。唐诗中以茶具为吟咏对象的佳作也不少，如皮日休和陆龟蒙唱和的《茶中杂咏》各有十首。

1987年，陕西扶风法门寺地宫发掘出的全套茶具，因原是皇家用品，不仅制作精美，材质也十分昂贵。这批茶具呈现出的豪华之美，成为一个时代气象的代表。在唐以后，对茶具的创新、崇尚，对茶具美感的追求，不断放射出奇异的光彩。所谓“饮之美”，是指饮茶过程包含的美。古人的饮茶过程，可以说是一种“行为艺术”。无论是备茶、备器，还是烧水、投茶；无论是激搅、育华，还是闻香、品味，每一个细节都是一种美的追求，美的享受，都具有隽永的魅力。特别是唐人吕温记述的，三月三时把原有的“曲水流觞”活动，“议以茶酌而代焉”“微文觉清思”，更是潇洒自如地发掘出茶的深层次美。

以上所述“四美”，虽是各个时代的共同追求，但是，不同的历史时期又有其个性和特色。唐代陆羽《茶经》谈到品茶者“宜精行俭德之人”，追求人格美和朴拙美，所以，在茶艺方面展示出一种空灵的、超然脱俗的美学境界。宋代斗茶风气盛行，其形式主要有三种：一是斗茶，二是行茶令，三是茶百戏，从而形成千姿百态、名目繁多、各具特色的茶技艺。因此，讲究茶技艺之美，成为一时之胜。

明代，贵为王爷的朱权失意后不得不寄情田园山水，著《茶谱》以自适，却又胸怀“开千古茗饮之宗”的志向，其在茶艺美中所寻求的是壮志难酬的心灵慰藉。这种心态，构成了明代流行一时的以超然物外为审美取向的茶艺美学。清代，以市民为主体消费群体的茶馆大盛，在世俗的喧闹和大众的推动下，以俗趣为体现的审美取向又使茶艺美学逐渐转型。而在近现代，由于时代的风雷激荡，除极少数文人崇尚旧时的美学取向，茶艺更多地流向于崇实。近20多年来，随着中国社会发展和经济的转型，中国茶艺美学中原有的积极、健康的审美取向得到弘扬，茶艺美学走向多元化，也为世界各地所关注。这些，大体是中国茶艺美学发生发展的主线和路径。

中国茶艺美学的主要走向

中国文人的审美取向，主导和塑造着中国茶艺美学的走向。我们说，中国茶艺的哲学基础是由儒释道融合构成的。但是，中国茶艺美学的走向却又是由中国文人所主导和塑造的。这样说，并不排除老庄、佛道对中国茶艺美学的影响，而是有主次之分。我们先谈占主导地位的，至于其他方面则在后面会谈到。之所以这样论断，是有充分的事实依据的。

唐代，茶艺美学能够成型，除小时候在寺院生活、后又成为学者的陆羽外，还有一批志同道合的先行者，借用现代的说法，是有一个“文人集团”或“文人群体”。当时，一些刚正率直并深存抱负和学识的人，诸如颜真卿、皇甫冉、刘长卿、张志和、耿沣、孟郊、戴叔伦等，都对茶表示出浓厚的兴趣。大诗人元稹、白居易等都有茶诗名作问世，特别是卢仝以一首吟颂“七碗茶”的诗句光耀千古。著名学僧、诗僧皎然也是茶僧，他的诗中多有描绘采茶、制茶、品茶的情景。卢仝的《走笔谢孟谏议寄新茶》（又名《饮茶歌》）中写道：

一碗喉吻润，两碗破孤闷。

三碗搜枯肠，惟有文字五千卷。

四碗发轻汗，平生不平事，尽向毛孔散。

五碗肌骨清，六碗通仙灵。

七碗吃不得也，唯觉两腋习习清风生。

诗人以神奇浪漫的笔墨，描写了饮茶的美感：连饮七碗，每饮一碗，都会产生新的灵感；饮到第七碗时，只觉得两腋生出习习清风，飘飘欲仙。

作为具有超凡脱俗的高尚情怀的群体，文人墨客和士大夫们有意识地把品茶作为一种能够显示高雅素养、寄托感情、表现自我的艺术活动，进而刻意追求、创造和鉴赏。饮茶走向艺术化，而文学艺术的各个门类也纷纷把饮茶作为自己的表现对象加以描述和品评，这些是在唐代完成的。正是在这一过程中，茶寄诗情，品鉴名泉，精研茶艺，推广茶学，创立茶室，墨写茶事，终于成就了茶艺美学的构架。

宋代茶文化走向两极：民间的普及、简易化，宫廷的奢侈、精致化。而在两极中间的文人，依然崇尚风雅和自然。与唐代不同的是，那是文人、隐士、僧人领导茶文化的时代；而宋代则各领风骚，文人保持着独有的率真并与自然契合。所以，宋代虽以贡茶名世，但真正

领导茶文化潮流、保持其精神的仍是文化人。

与唐代一样，宋代以后，饮茶一直被士大夫们当成一种高雅的艺术享受。宋人对饮茶的环境是很讲究的，如要求有凉台、静室、明窗、曲江、僧寺、道院、松风、竹月等；茶人的姿态也各有追求，或晏坐，或行吟，或清谈，或掩卷；饮酒要有酒友，饮茶亦须茶伴，酒逢知己，茶遇识趣，若有佳茗而饮非其人，或有其人而未识真趣，也是扫兴。所以，宋人强调饮茶时不光注意环境，还很注意茶客。欧阳修就有一套自己的“品茶经”：“泉甘器洁天色好，坐中拣择客亦嘉。”他认为品茶必须茶新、水甘、器洁，再加上天朗、客嘉，此“五美”俱全，方可达到“真物有真赏”的境界。宋代文人的性情、茶情、豪情、柔情，都在茶中得到展示，真可谓“从一杯茶中看世界”。而这，也闪烁着美学的光辉。

与焕然一新的茶的生产和加工方式相适应，明代饮茶风尚发生了具有划时代意义的变革。与此同时，士大夫阶层对饮茶艺术的追求和审美也创造了一个新的天地。明代前期，文人沉湎于茶事，并非是闲情逸致，而是以茶雅志，别有一番怀抱。著《茶谱》的朱权就明确表示，饮茶并非只在茶本身，而是“栖神物外”，是表达志向的一种方式而已。

到了明末清初，茶艺风尚和美学追求又是一变。自明万历、天启到明崇祯末年，以小品为代表的文学，在游山玩水、居家日用中追求自我、沉湎物趣、以达雅趣。晚明名士嗜好茗饮，风流倜傥，有钱有闲，追求闲情雅致。这种在表现个性中追求物趣雅韵的饮茶风尚，明亡后又延续了半个世纪，直到康熙中期。当时，一些入清文士意绝仕宦，却又饱受国破家亡之痛，只好在风雅艺术中显示其才俊、能力、品味。所以，讲求至精至美，成为这一时期文人饮茶的风尚。

明末清初的文人雅士既继承了前人的精神享受，又开拓了独具特色的饮茶方式，所以，除了原有的对茶叶和用水的精心选择依然如故，还特别强调“天趣悉备”的自然美和“清心悦神”的欣赏性。如“焚香伴茗”“美人伴茶”“以花点茶”“景瓷宜陶”，都是这一时期的创造。

总之，明代文人所强调的是天、地、人心融通一体，清幽淡雅、超越尘世的理想境界，适应了明中叶以后心学炽盛、三教合流所追求的平淡、闲雅、端庄、质朴、自然、温厚等精神需要。此外，明清还不断把文人雅事引入茶饮中，将品茗与歌舞、弹琴、棋弈、书法、赏画、读书、作诗、撰联、赏玩有机地结合起来。多种雅事的集合，使茶文化成为一种集哲学、史学、美学、文艺学、宗教学以及音乐舞蹈、琴棋书画于一体的庞大而深广的文化体系，也深刻地影响着中国茶艺美学的纵深发展。可以说，文人的直接参与，方使中国茶艺美学终于成为一种体系。

中国茶艺美学由文人的审美取向为主导，使之与中国美学主潮保持着历史的一致性。 在中国古代美学中，有许多重要范畴和思想。而文人的审美理念与茶艺最契合的，我觉得有两个方面必须强调：第一是“和”，也就是和谐之美。正如周来祥先生在《中国美学主潮》一书指出的：“先秦时期以和谐作为时代的审美理想。中国古代和谐

美的传统源远流长，在几千年的文明发展中历久不衰，终于积淀为极富鲜明民族特色的审美心理结构。古典和谐美理想的基本框架在先秦时期即已孕育成型，并伴随对‘乐’的不同观点的论述而得以充分展开。”“和”体现在艺术形式上的最基本的意思，是指音乐、歌唱、舞蹈相互协调配合；另一种意思是“八音克谐，无相夺伦”，强调音乐中各种因素的协调有序，配合无隙，充分展示“和”的意图。对此加以深化和总结的，是孔子提出了“尽善尽美”的审美理想。而孔门弟子公孙尼子所著的《乐记》，进一步丰富和发展了和谐美的思想，集儒家美学思想之大成而形成完整的宏大体系，堪称“中国古典美学体系的奠基石”，也为中国茶艺美学所秉承。第二是“雅”，也就是尚雅之美。雅是指合乎规范而纯正，高尚而不粗俗，美观而不落俗套。中国美学崇“雅”，以“雅”为人格修养和文艺创作的最高境界。“雅”境发生的开端是“做人”，是人与自身心、性的构成，是人与人、人与社会、人与自然在相互对待、相互造就中的构成。

“我们知道，中国传统文化是以儒家思想为主体的伦理型文化，在儒家的伦理审美观的主导下，‘典雅’不仅是士大夫、文人所追求的人格风范，而且也渗透到广大平民百姓的生活追求与行为规范中，最能体现古代中国人的审美心态。可以说，正受‘崇礼’精神的影响，中国美学才有浓厚的道德伦理色彩，尚‘雅’隆‘雅’，强调乐而不淫、求仁得仁、文质彬彬、克己复礼、温柔敦厚；人生审美态度方面，推崇并倾慕于‘和雅’之境的构成，追求温文尔雅，称道‘雅浩冲淡、清雅澄澈’的人品操守与超凡脱俗的审美意趣；审美创作标举‘雅正、风雅’的审美趣向，崇尚温和雅致而鄙弃淫俗、浅俗和粗俗。”而中国茶艺讲究“人品即茶品，品茶即品人”，茶艺美学则追求古雅、高雅、文雅、典雅、淡雅、和雅、清雅、风雅，也就是尚雅崇格、超凡脱俗的审美精神和高洁淡雅、超绝俗我的人格境界。

（注：截取原文部分内容，全文 18000 字，原载《农业考古》2006年第02 期）

参考文献：

［1］周来祥 . 中国美学主潮 [M]. 青岛：山东大学出版社，1992.

［2］李天道 . 中国美学之雅俗精神［M］. 北京：中华书局，2004.

“生活闲趣”
—— 李渔茶道的美学意味

朱海燕

湖南农业大学教授，休斯顿大学访问学者，兼职中国茶叶学会茶艺专业委员会副主任委员，湖南省茶叶学会副秘书长。主要从事茶文化与茶业经济研究，在茶道、茶美学研究领域成果颇丰。主讲首批国家级精品在线开放课程《中国茶道》。独著《中国茶美学研究唐宋茶美学思想与中国当代茶美学建设》《明清茶美学研究》等学术专著，开辟中国茶美学新天地。主编《中国茶道》等教材。

李渔（1611—1680年），字笠鸿，号笠翁。初名仙侣，字谪凡，号天徒。别号伊园主人、湖上笠翁、随庵主人、笠道人、觉道人、觉世稗官等，宗谱尊称“佳九公”，文坛称“李十郎”。

《闲情偶寄》，是李渔一生艺术、生活经验的结晶，堪称“生活艺术大全”“休闲百科全书”，是中国第一部倡导休闲文化、生活艺术的专著。江巨荣、卢寿荣指出：“《闲情偶寄》共分词曲、演习、声容、居室、器玩、饮撰、种植、颐养等八部，论及戏曲理论、妆饰打扮、园林建筑、器玩古董、饮食烹调、竹木花卉、养生医疗等诸多方面的问题，内容相当丰富，触及中国古代生活的许多领域，具有极强的娱乐性和实用价值。”《闲情偶寄》问世后，受到多层次读者的喜爱。尤其值得一提的是，他在这部作品中还记录了不少品茶经验，有些章节甚至专门讲他的饮茶之道，将他平常生活中的“闲”“趣”思想贯穿于他对茶的感悟中，形成了他独特的饮茶审美趣味，对后世影响极大。

茶有“洁性不可污，俭德可行道，示礼致和乐”的文化意味，最受自持清高文士们的青睐，甚至有“从来名士如名茶”之说。李渔一生闯荡江湖，游历各地，“履迹几遍天下，四海历其三，三江五湖则俱未尝遗一”，常年周旋游走于官场与戏场、文人与女人之间，不仅练就了其独特的生活情趣，还积累了涉及生活方

方面面的经验。他热爱生活，懂得享受生活，讲究生活质量，十分钟爱品茗论壶，自称“茗客”——“予系茗客而非酒人，性似猿猴，以果代食，天下皆知之矣；讯以酒味则茫然，与谈食果饮茶之事，则觉井井有条，滋滋多味”。《闲情偶寄》流露出他对茶的迷恋，又加之李渔倡导“无事不新”“所言八事，无一事不新，所著万言，无一言稍故”，现实中他也将创新理念覆盖生活的方方面面，充分挖掘茶饮的“闲趣”意味，这从他对茶事、茶道、茶具、茶艺等方面的精彩而独到的高论即可得知。

辨“茗客”与“酒客”之趣

明代，以茶待客已成常礼，文人往来，更少不了清茶相迎。每逢佳客临至，李渔必奉出新采制之茶叶，或纤毫或春芽或雏叶，用伊山泉水烹之，“漩烹佳茗供佳客，犹带源头石髓香”，香沁心脾，郁结云散。颇有趣味的是，李渔不仅能以精于择名茶、选清泉，他还能以茶辨别客人是茗客还是酒客：“凡有新客人入座，平时未经共饮，不知其酒量浅深者，但以果饼及糖食验之：取到即食，食而似有踊跃之情者，此即茗客，非酒客也。”判断的依据是“果者酒之仇，茶者酒之敌，嗜酒之人必不嗜茶与果，此定数也”。以此可见，李渔不仅饮茶频次高，而且用情至深，故能从饮者细微的举止中辨其性情，赋予“以茶待客”这一日常礼节一种别样的生活趣味。

“论具”与“贮藏”之趣

一杯好茶必有三要素：佳茗、净水、妙具。李渔在《闲情偶寄》中列有“茶具”一节，专讲茶具的选择和茶叶的贮藏，显现出他不落俗套，倡导“实用与审美”一体的茶具审美理念。

如前所述，紫砂茶具自明代兴起，至清代已成为茶具艺术中的佼佼者。李渔对此也大为赞赏：“茗注莫妙于砂壶，砂壶之精者，又莫过于阳羡（江苏宜兴古称）。”又言：“壶必言宜兴陶，较茶必用宜壶。”可见他视宜兴紫砂陶壶为最佳泡茶器具。他对当时之砂壶的价值观大不以为然，“使与金银比值，无乃仲尼不为之已甚乎？”认为“置物但取其适用，何必幽渺其说，必至理穷义尽而后止哉！”大胆提出“一事有一事之需，一物备一物之用”即“器与物宜”的观点，并在这种思想的指引下，从茶壶形制的实用与美观提出了精辟的观点：“凡制茗壶，其嘴务直，购者亦然，一曲便可忧，再曲则称弃物矣。”为何茶壶之嘴要直，他凭借丰富的经验，指出“盖贮茶之物与贮酒不同，酒无渣滓，一斟即出，其嘴之曲直可以不论；茶则有体之物也，星星之叶，入水即成大片，斟泻之时，纤毫入嘴，则塞而不流。啜茗快事，斟之不出，大觉闷人。直则保无是患矣，即有时闭塞，亦可疏通，不似武夷九曲之难力导也”。茶壶的壶嘴之所以不能与酒壶一样，是因为茶有叶底，如果几曲几折，则倾茶时容易被舒展的芽叶堵塞，让品茶人觉得趣味尽失。

至于贮藏茶叶，他认为宜用锡瓶，“贮茗之瓶，止宜用锡，无论磁铜等器，性不相能，即以金银作供，宝之适以祟之耳”。这是因为虽然锡不如金银珍贵，“但以锡作瓶者，取其气味不泄”。李渔始终贯穿“以实用为重”的观点，并以此指导制壶技巧，若“而制之不善”，即密封不严，则“其无用更甚于磁瓶”。究其原因，主要有两个，“一则以制成未试，漏孔繁多。凡锡工制酒壶等注等物，于其既成，必以水试，稍有渗漏，即加补苴，以其为贮茶贮酒而设，漏即无所用之矣”；若制成之后，有孔缝没有发觉，“一到收藏干物之器，即忽视之，犹木工造盆造桶则防漏，置斗置斛则不防漏，其情一也”。这个道理与以木制桶和盆一样，如果制成的壶有孔缝，则比磁瓶更容易让内贮茶叶受潮，“乌知锡瓶有眼，其发潮泄气反倍于磁瓶”，“故制成之后，必加亲试，大者贮之以水，小者吹之以气，有纤毫漏隙，立督补成。试之又必须二次，一在将成未镟之时，一在已成既镟之后。何也？常有初时不漏，迨镟去锡时，打磨光滑之后，忽然露出细孔，此非屡验谛视者不知。此为浅人道也”。因此，制成之后，要反复检查，这是最简单的道理。

而另一个原因主要是瓶盖密封不严。“一则以封盖不固，气味难藏。凡收藏香美之物，其加严处全在封口，封口不密，与露处同。”为此，他认为当时人们采用双层的茶瓶之盖，十分可笑。“吾笑世上茶瓶之盖必用双层，此制始于何人？可谓七窍俱蒙者矣。”他主张单层之盖内以塞纸，并用日常生活之事作出生动贴切的比喻：“使刚柔互效其力，一用夹层，则止靠刚者为力，无所用其柔矣。塞满细缝，使之一线无遗，

岂刚而不善屈曲者所能为乎？即靠外面糊纸，而受纸之处又在崎岖凹凸之场，势必剪碎纸条，作蓑衣样式，始能贴服。试问以蓑衣覆物，能使内外不通风乎？”最后，他提出“故锡瓶之盖，止宜厚不宜双”。并进一步记录切实的操作方法：“藏茗之家，凡收藏不即开者，开瓶口向上处，先用绵纸二三层，实褙封固，俟其既干，然后覆之以盖，则刚柔并用，永无泄气之时矣。其时开时闭者，则于盖内塞纸一二层，使香气闭而不泄。此贮茗之善策也。若盖用夹层，则向外者宜作两截，用纸束腰，其法稍便。然封外不如封内，究竟以前说为长。”

以上关于紫砂茶具及贮茶茶瓶优劣的细致入微辨析，若没有千百次的体验，以及李渔敢于创新的精神，从何可得？而李渔力求“艺术与实用相统一”的器物审美观点等，在当时可谓让人耳目一新，对后人制壶、赏壶、择壶也有着积极的启发意义，也让日常生活的茶事活动变得丰富而有趣。可以想见，在把玩使用“好看又实用”的茶壶，观之阅目，水转流畅，茶香水甘，品茗之事，岂不更有趣乎？

“饮茶”与“造境”之趣

李渔的《闲情偶寄》进一步开拓了品茶的审美范畴。他认为饮茶的乐趣不应局限在“色、香、味”审美上，而更应是一种融入生活的审

美情趣，并将饮茶视为休闲养生之佳物，怡情养心性之妙方，“漩烹佳茗供佳客，犹带源头石髓香”。而要享受品茶之趣，最宜处在自然之境“半山小亭，风清月白，二三子相对，品饮清茶，可谓千古之妙事”，李渔在品茗环境的选择上，一方面沿袭明清文人提倡的与自然相融的观点，可以伴明月、花香、琴韵、自然山水，但同时他对当时那种为环境而环境，为清寂而清寂，远离人间烟火，脱离生活的造境观提出了异议。他认为“顺自然之性”最为重要，“予性最癖，不喜盆内之花，笼中之鸟，缸内之鱼，及案上有座之石，以其局促不舒，令人作囚鸾絷凤之想”。盆内花、笼中鸟等显然违背了物性。他所提倡的“自然之性”是一种纯粹的“真”，一种实用的“宜”。李渔认为“宜”就是自然、得体，就是真，即物与物或物与人之间达到“两相欢”的效果。如美人头上插花，“喜红则红，爱紫则紫，随心插戴，自然合宜”，这就是“两相欢”。“两相欢”即是“宜”的体现。因此“凡以彼物肖此物，必取其当然者肖之，必取其应有者肖之，又必取其形色相类者肖之，未有凭空捏造，任意为之而不顾者”。“当然者”“应有者”即本然，就是“宜”，就是真实。这种“宜”，在环境居室设计中皆有折射：因地制宜，丰俭得宜，浓淡相宜……寻常的房舍、窗栏、墙壁、联匾等自然之物只要相“宜”，便充溢着诗情画意之美。这与郑板桥强调居所与人的关系的观点如出一辙：“十笏茅斋，一方天井，修竹数竿，石笋数尺，其地无多，其费亦无多也。而风中雨中有声，日中月中有影，诗中酒中有情，闲中闷中有伴。非唯我爱竹石，即竹石亦爱我也，彼千金万金造园亭，或游宦四方，终其身不得归享。而吾辈欲游名山大川，又一时不得即往，何如一室小景有情有味，历久弥新乎！”其意皆是居所无论奢简，合乎自身情趣便是人间佳境。转向饮茶之道，茶不在乎是否名贵，美在其“真”；器不必金银，宜茶即佳；境不求奢丽，自然最美；一切无需刻意，顺人之性情，则茶趣无限。李渔一首《答于皇谢赠天阙茶诗》正是此审美趣味的体现：

闻君耽苦啜，瀼雪试真茶。灶举泉如沸，出行橘放芽。
只兹天阙种，堪作武陵花。卢碗姑徐酌，江梅待晚霞。
旧日桑门侣，贻将谷雨茶。兰盂盛细叶，椰盏荐新芽。
润比琼浆色，烟成雪浪花。先生知味者，几点似青霞。

悠闲生活的崇尚

《闲情偶寄》文字清新隽永，叙述娓娓动人，读后留香齿颊，余味无穷。它不仅熏陶了明清时代的名士文人的养生审美观，而且影响了周作人、梁实秋、林语堂等一大批现代散文大师，开现代生活美文之先河——周作人认为“李笠翁当然是一个学者，但他是了解生活法的人，绝不是那些朴学家所能企及”。林语堂则更甚，曾在《悠闲生活的崇尚》中谈道：“一般人不能领略这个尘世生活的乐趣，是因为他们不深爱人生，把生活看得很平凡，刻板而无聊。”李渔的文章，处处体现着对生活的热爱。作者在享受人生的同时，倾入了对人生细微的观察和深邃的思考。他认为李渔“对于生活艺术的透彻理解，充分显出中国人的基本精神”。

李渔将饮茶视为生活闲趣，用生活的审美实践真正地展示了茶的雅俗共性：茶之雅，并不脱离生活的形式；茶之俗，也非庸俗之习气。古往今来，在某种程度上，饮茶在人们生活中扮演的角色是相通的。李渔的《闲情偶寄》对今天我们提高生活品位、营造艺术的人生氛围、

发展休闲养生之道仍有极高的借鉴价值。对那些因日常的工作或学习而筋疲力尽的人来说，它教给我们忙里偷闲、放松身心、怡情养生之道；而对那些有闲情逸致的人来说，它也是通古辨今、提高生活审美情趣的良师益友。

参考文献：

［1］单锦珩 . 李渔传 [M]. 成都：四川文艺出版社，1986.

［2］（清）李渔 . 笠翁文集・春及堂诗跋 [M]. 北京：光明日报出版社，1997.

［3］肖巧明 . 论《闲情偶寄》的休闲思想 [D]. 长沙：湖南师范大学，2003.

［4］（美）约翰・凯利著，赵冉译 . 走向自由 [M]. 昆明：云南人民出版社，2000：20.

［5］高秀丽 . 李渔关于“趣”的美学思想 [D]. 济南：山东师范大学，2006：8.

［6］（清）李渔 . 闲情偶寄 [M]. 上海：贝页山房，1936.

［7］蒋继华 . 李渔美学思想中的重要范畴 [J]. 盐城工学院学报（社会科学版），2012（1）：47-51.

［8］林语堂 . 生活的艺术 [M]. 北京：华艺出版社，2001.

一生钟爱的山水皆可以如茶

曾雅娴

青年作家，新浪专栏作家，雅致生活设计师，历史文化作者，国风美学倡导者，发表文字五百余万，江西省作协会员。已出版作品有《古诗词中的花事情未了》《拾味纪》《民国的风月》。

会有些那样的时候，话到嘴边不知说什么，字到手边也觉索然无味。于是寻思着要放飞自我，让心情可以雀跃起来。而我惦记的无非是一杯温热的茶，窗外老树上新开的枝芽，还有一低头可以看一个面容清秀的姑娘，当然还有这个城市清晨某条老街里的豆浆、油条、瓦罐汤。爱上一座城市因为一个人，了解一座老城的办法永远是要走街串巷，逛城里的书店和快被拆除的老旧房子，在磕磕碰碰、遍地淤青的巷口看早点铺或清冷或热闹地开门做着生意。

在一个起得早的清晨，我忽然有想去一家胡同里找一家老茶馆吃早茶的兴致。于是，我就像雨巷中的丁香姑娘一般，穿了素色的旗袍，撑了一把伞，走入了巷弄中。

烟火气息也许在这样的老街巷弄才是最有韵味的，早茶店屋檐下放着民族风的歌儿，三位花白头发的老者喝着茶交谈着，时不时发出阵阵爽朗的笑声。但一切都是极其和谐的，和着雨声，茗着茶香，在深秋的早晨把这样一份热气腾腾的气息静静地传递给了我。

我寻了一处安静临窗的位置坐下。透过雕花的格窗，我看到窗外偶尔走过的行人，踩在这湿漉漉的青石板上，叫卖的小贩会让你有重回 20 世纪的感觉，但偶尔几辆共享单车由远至近而过又似乎告诉你并没有穿越。

在老板兼伙计的招呼中，我点了一壶菊花茶、一份肠粉、一份拌

面。水壶是烫的，茶水里泡着的金丝菊在沸水中开出漂亮的很大一朵来，肠粉洁白盘边镶着几片烫过的青菜叶，面碗里的面红白相间，汤水很足，很有一种浓油赤酱的味道。一个抱着孩子的妇人走了过来，很自然地用带着方言的口音和老板打招呼，说家常，说家里阿姨要加工资，想下自己反正辞职了不如自己带一阵，并把怀中的宝宝给我们看。巷弄的温暖与喧闹就在这些市井人家的安逸中淋漓尽致地呈现出它的风情万种来。这赏心悦目的早晨，这悠然的早茶简直是韵味天成。

“韵”是我国古典美学的最高范畴，可以理解为传神、动心、有寓意。把“韵”字运用到人的品味中，是比漂亮更高级的美丽；而运用到柴米生活中，则是真实而令人回味的生活。

在茶文化的历史发展过程中，饮茶素有喝茶和品茶之分。有人说喝茶是一种满足生理需求的活动，它可以在任何环境下饮用。而品茶则注重韵味，把解渴的实用意义上升为精神的需求，把品茗审美化、艺术化，追求一种悠然自得的境界。清代梁矩章《归田琐记》中的香、清、甘、活四字中的“活”字即指茶韵。而现在，我觉得大口喝茶又何尝不是另一种热气腾腾的风韵？

茶韵，在大的方面就是中国的茶和历史。地方风土人情，并非专指茶的形、色、香、味，而是指一种精神境界，当然可以指喝茶品茶，但广泛地说又应该属于茶外之味。

北宋范温认为“有余意谓之韵”，就像“闻之撞钏，大声已去，余音复来，悠扬婉转，声外之音，其是之谓矣”。探讨到“茶韵”中来说，则范温说的“声外之音”是一部分，应该还包括形外之态、言外之意、诗外之情、画外之趣、书外之神、茶外之味等。它们都因妙不可言、不可喻趋于某种无限可能。这种无限可能，是某个角落里独自喝茶的安静，也是出走半生，半夜突想拿纸笔写一段回忆。总有一些蛛丝马迹，需要一个尘埃落定的认取，依稀还能看到今日风调雨顺的心意，如此便不怕明日的物是人非。

锣鼓听响，听话听音。“蓄音喉指间，得意唱奏外。”“意”，不是语言上最直接的表面意思，是韵，是心上心口意犹未尽之音。以意传韵，韵作为意会上无声的艺术，尽在舌底鸣泉。回甘如茶。它打破了线性思维，进入非线性思维。可由“拈花示意”或参话头牵引出大疑情，所谓情接万古，思接九荒，是寂寥的秋的清愁，也可以是洪荒之力，是辽远的海的深邃。

我们常说茶禅一味。禅里有云：“不立文字，见性成佛。”从这种独特的传教方式上我们不难看出，禅的意思不在于说教，而在于突破我们现已掌握的文字思想、现有的文明，对宇宙万物向更深远的范围去探索。从为别人而活，给别人塑造的“幸福”“成功”各种繁文缛节的教条中摆脱出来，让心灵得自由，见素抱朴。在这种单纯和质朴中，才能感受生命中的点滴的美好。

再好的茶，茶味只在一得之间，过颊即空；禅机只在电光火石间，稍纵即逝，快捷如剑。不知禅味，就难知茶味，难知茶味外之味。就像很多人读过很多书，一目十行。如果翻阅后能说出书中一二事，就自诩为过目不忘。其实，各人心里有数，大多数人不过是自欺欺人，但很遗憾，就像很多人懂无数的道理依然过不好自己的一生一样，茶味外之味，不是一般人喝了很多茶就能领悟到的。而有的人，也许只是在恰当的地方、时间接触一杯茶，就顿然明白了与自己相处的最好方式。因为这世界上总有一部分的人，他们像夏天飞扬的柳絮一般，可以飞翔，但唯有水分，会能让他们尘埃落定。茶，便是他们尘埃落定的水源。

万籁归寂里，总有落子无悔的人，也有刻骨忧伤的故事在发生。倘，人生如戏，离场时亦请记住那台上点滴。兴许悲戚，可只有带着伤痕上路，你才知光阴的足踏里有怎样绵软的暖，你才会念一杯茶暖的朝朝暮暮。累了，便依托着阳光看自己的影子，认领一些附有纯粹的归属感。给自己泡茶，又开始碌碌而安地度日。想把最丰盈的记忆潜进心里，永远能记起自己爱着，亦被爱着。芰繁而居，是在懂得与通透中接纳，一如在这个秋天最美的清晨收一斛露水，待来年新茶绿、苔茵尽舒，映在杯里便真真是一帘茗香似幽梦。

我从不缺江南的雨水、清明的新茶，时而有心北上，见那万里风沙，也都是偶尔逆浪的心境罢了。千江水月里远行，石桥边听雨，柳边上看絮，再缝紧领边、袖口，这七分梨白、三分草青的平平日子，便是人间好时节。如此，无论泥火煮茶、玉碗品茶，还是热的灶台、青菜萝卜、小米稀饭，都属于韵味天成的一部分了。

我一向不是好高骛远的人，写自己喜欢的字，偶尔有一点梦想也不会声张，怕若是不能成功就会成为他人茶余饭后的笑话，生活的平实与温热让我学会珍惜寻常饭菜的唇齿香，让自己的眼睛去喜欢鲜艳

新鲜的东西。比如雨后枝上翠绿不已的叶子、隐藏在绿叶后面的果，比如新生孩子的啼哭、手牵手散步老人的祥和、一碗凉拌面的酱香，这都是属于生活的气息，春天的颜色，却恰到好处地出现在青黄不接的季节里让你赏了心、悦了目。

抬眼看到妈妈送过来的一大罐子腌好的霉豆腐，还有仍带着泥土的山芋，便觉得采菊东篱也是矫情，不如我赶紧吃一片生姜开胃，再盘算晚上有点闲工夫喝几杯热茶才是正经事。当我们抱一捧韵律归来，一生钟爱的山水皆可以如茶，皆可以回味悠长的气势相藏于心里。“风雨故人来”时，这茶，喝的是人情一杯，风月袭人；“寒夜客来茶当酒”，这茶品的是人间温暖，是喜悦，是懂得；“被酒莫惊春睡重，赌书消得泼茶香，当时只道是寻常”，这茶喝的是惆怅与追忆。

我常觉得，人活着就像在泥地上行走，太过云淡风轻，回过头看看没有遗憾、没有惘然，也是一种遗憾，因为这世间的花开，都会有花谢的一天。但我常说老去是不可怕的，因为零落成泥老去的芳香也会绵延成烟火的温度，空枝静默，颤抖着荡气回肠的孤独。

能让我们记忆深刻的，不是幸福，是孤独；能让人暖胃疗饥的，从不是那碎薄花瓣，是曾经栏畔对花开的深情期待，是花事荼蘼时还能笑看空枝的守望与勇气。而循着一些痕迹回头，有人可依，有往事可回味，有花事可想起，甚至有泪水在凝咽才是人间烟火气。而人间烟火是香气袭人的，风声雨声是可以弹琴的，只要手指上沾了花香，自会流露出百种美丽、千种回声，因为韵在韵之外。

专注，是行茶最美的瞬间

郝宗蕾
茶学硕士，弘益大学堂茶道美学讲师、香道讲师。

泡茶的动作怎样才算美？

听到这个问题，我先想到一个问题，什么是美？

在茶师班的课堂上，也经常会在讲解中简要地讲到这个问题，我这样分享：美，不应只是“漂亮”，也不等同于视觉上的“好看”。就比如说，一幅画或者一件艺术品，你看到了。有的，只是看到了，然后便立即走过去了；而有的，你看到了，然后又走到近前看，然后又远观，然后又走近，再然后就那样定下来静静地端详，目不转睛地看，但似乎你的眼神又是迷离的，神思似乎已经随这幅画或这件艺术品飘到了某个空间意境…… 或追忆或幻想或欣喜或感伤等，精神受到了触动，心灵受到了震撼，引发了我们的情绪及感悟。这样的事物，我相信，它是“美”的。进一步来说，这件事物，它甚至可以是我们平常意义上的“不好看”或者是“丑”的。这只是我个人的观点！

记得很早之前看过朱光潜先生的“谈美”，先生在书中展开的许多哲学层面的论述给了我许多的启发！

当然，今天这个问题，我们还是在“好看”的层面来谈。

留在你脑海中的，泡茶很美的茶师是哪位呢？让你觉得最美的动作是什么呢？ 当然，相信茶艺师会永远地存在，但或许我更喜欢“茶师”的称谓。

还记得那些手里拿着盖碗或者品杯各种舞动的夸张的动作吗？在我的课程中，当大家看到这样茶艺的视频时，大家都会笑，这说明，我们中的大多数，早已不认为将茶器作为表演道具的泡茶动作是美的。

是啊，今天，爱喝茶或事茶的我们，都明白：泡茶是一定要以茶为核心的，动作，任何的动作都应该是为了一杯好喝的茶汤。

这样，回归到我们今天的话题，泡茶的动作怎样才算美？在这里，我想先来讲讲我认为最重要的四个方面。

泡茶要专注，无论是怎样的行茶方式。

有事茶经验及阅历的朋友，应该早已发现，当下的行茶（泡茶过程及动作）方式异彩纷呈，在注水、出汤、分茶等基本的程式中有各种动作上的差异，但都可以自圆其说，有各种的论据。但让茶席前的喝茶人看着舒服、看着美。行茶，我认为首先一定是事茶人的专注，全身心地投入于所泡的茶。

专注于茶，是泡一杯好喝的茶汤的要义；泡茶，专注于茶，与茶不断做交流，去观察、去设身处地地体察，去感受它的内涵物质的状态、去感受其在水中的浸出率，从而去展现茶的最好的品质。我常常说，在泡茶过程中，特别是开汤、注水的时候，让自己成为茶；当去品味那杯茶汤的时候，茶汤成为你自己。

专注于茶，是一心一意做好泡茶这一件事情的要求，同时也是事茶人爱茶敬茶的情愫境界由内而外自然散发的必然。在我们的传统认知里，专心地做一件事情可以做到更好！在我们的经验中，我们明白，只有你自己很重视很珍惜一件东西、很重视一件事情的时候，别人才会去重视、去珍惜。

专注于茶，是事茶人向品茶者传递爱茶之心及茶的精神的最好方式。

总结一下，专注，是一种神情、一种状态，是一种可以引领对方

进入到你想营造亦或传递的精神境界、德行操守的力量，是一种可以引起人沉静下来甚至感悟其中的“美”。

具体到动作上，姿态的中正平衡、动作的舒缓笃定是首先应该做到的！

中正平衡，自有一种中正之气萦绕周身，也给事茶的环境更好的氛围。泡茶始终，身体坐直坐正，中正平衡，是应做到的最基本的美的姿态。在泡茶中，事茶人身体总是由于泡茶肢体的动作而歪斜，喝茶的人看在眼里，会被面前的歪斜凌乱影响，难以很好地沉静下来，以致影响到对一杯茶汤的品味。对事茶人自己而言，歪斜会打乱周身的气场，或许你并不觉得，但当你习惯了中正平衡，你会发现其中的不同！或许你会说，习惯了，身体歪着，也不影响一杯茶汤出来。这里，我想到小时候学写字，你会发现同学中有许多握笔的方法，都可以写字，但最终你会发现，所谓正确的方法会让你写得更快、更好，而且写久了也不会太累。

舒缓笃定，泡茶犹如太极，迂回舒缓自有气韵。笃定，收放自如，不拖泥带水，不多余夸张，拿起就是拿起、放下就是放下。女士，柔美中有一种端庄坚定；男士，利朗阳刚中融一种淡泊从容。

表达传递礼敬的神态举止，也很重要。

中国素来被称为“礼仪之邦”，有着优秀丰厚的传统文化。钱穆

先生曾指出：“中国文化可以归结为一个‘礼’字，它是整个中国人世界里一切习俗行为的准则……中国的核心思想就是礼。”茶，承载着中国优秀传统文化，任何一种行茶方式，“茶礼仪”贯穿于泡茶的始终，诸如“鞠躬礼”“ 注水内旋”“茶斟七分满”“茶器花纹朝向客人”“伸掌礼”“奉茶礼”“注目礼”“微笑礼”等，这一系列的礼节及规范都在传递着事茶人对茶及喝茶人的敬意！受到礼敬的对待，当然会身心愉悦。一个端庄亲切的注目、一个亲和的微笑，当然是最美的。宾主之间，事茶人与喝茶人之间，会心会意，是最好的喝茶的状态与境界。

作为补充，“有审美的眼睛才能看到美”。

记得前段时间有一篇文章转发率很高,《文盲不可怕,美盲才可怕》,不妨看看。不能说里面讲到的都是真理，但相信一定会给予你某种启发。静下心来，有审美的眼睛，会发现身边更多的美好！但是，作为茶师，自身应该具有茶的美与精神，喝茶人的审美当然需要你的培养与引导；同时，作为茶师，作为事茶人，还是需要以身作则，从自身做起，以茶践修、以茶修悟。

侘寂的历程：从能阿弥到千利休

朱玉洁
弘益茶道美学编辑，阅文签约作家。

很多人知道日本著名的茶道，却很少有人知道日本茶道是中国禅宗传入日本后的产物。茶道，实际上是“茶禅之道”。日本最早的茶种就是由最澄禅师于唐贞元二十年（804 年）带到日本的，茶汤饮食游艺也随之在镰仓初期逐渐本土化。

在日本，茶道不仅仅是日常生活的艺术、生活起居的礼节，也是社交的规范。《茶道六百年》一书记述了日本茶道的建立与变迁，说起日本茶道，就不得不提到关于“侘”“寂”的日本美学。

那什么是“侘”，什么又是“寂”呢？

《茶道六百年》的原文写道：“如果没有云雾，只有月亮，就缺乏茶味，阴云导致朦胧的状态即为侘，云雾间的月亮则是寂。”

“侘”是一种“狂心当下歇”“过去、现在、未来皆不可得的心灵状态”，这种心态却又不是“枯木死灰”的活死人心态。因为“寂”的存在，它又是一种“寂寂照，照照寂”，“无尽藏中无一物，有花有月有楼台”的活泼生机的禅味。茶道的核心，正是建立在唤醒“真如本性”、禅的真心基础上的一门生活的、生命的艺术。

在日本的茶道历史中，有很多集茶文化之大成者。他们都身处日本中世的乱世期，以日常生活中的社交文化为基础，创作出属于茶道的岁月“侘”“寂”，建立了绝对和平的、充满了人间之爱的茶道文化。

艺术家能阿弥是茶道形式的建立者，他是将军的同朋，擅长连歌、

水墨画、立花、唐物的鉴别。他的贡献是“东山御物”的制定，将足利将军传承的唐物名器分为上、中、下三等，选出了上等品及中等品中的上品，并将其命名为“东山御物”。

能阿弥的主要功绩是书院规则的制定，他在发明台子点茶时，在茶道中融入了小笠原流派的武家礼法，该礼法是禅林的清规。

在日本的茶道历史中，能阿弥作出的贡献不可小觑。他是一位由武士转变成的艺术家，开创了茶道形式。但是茶汤的创始人是珠光，所谓“茶汤之中亦有佛法”就是他悟出来的道理。佛之教诲就存于日常生活中，所以自珠光起，茶室里主要悬挂禅宗大师们的佛画以及唐绘。

如果说能阿弥的茶道较为严肃，属于形式主义，那么珠光的茶道则是阐述了更为深奥的道理，可以说是贯彻了“道”之茶。珠光的茶道就是主张“人类平等”。比如在茶会的庭院中，珠光为了消除身份差别，让大家都从“窝身门”进出，以大家成为下人的方式实现了人人心灵平等。

珠光主张“事事需谨慎，处处关照人”，无论是主人还是客人都要相互关照，主人要顾及客人的感受，客人要考虑主人的想法。不仅如此，珠光的茶汤之道中还倡导“真心爱洁净”，旨在内心的清洁，通过清心修行来领悟茶道的内在精神。

珠光的茶汤之道中，好色、赌博、嗜酒乃是三重戒，他主张节制酒色，“此道之中，最恶者乃任性与自以为是”。据说珠光是一休禅师的弟子，跟随其参禅，由此大彻大悟，并得到了一休禅师的印证认可。珠光自然不会满足于之前的没有精神内涵以及欠缺真情形式的茶式和茶礼，他追寻的道是“要成为心之主，勿要以心为主”。

“宾客举止”是珠光茶道理念中最为重要的一条，客人从进入茶院的那一刻起，一直到茶事结束离开茶院，都要认为这是此生唯一的一次相会，这就是“一期一会”。主人要诚心敬客，做茶事时举止动作要自然而醒目。

“一期一会”充分体现了佛教中的“无常”思想，提醒着人们思考人世间的悲欢离合。人生及其每个瞬间都不能重复，要珍惜机缘。世间岂止人与人的相遇，人与物的相遇也应当珍惜。主客之间应当心心相印，以礼相待，每喝一杯茶都应当怀着感恩的心，并格外珍惜，这是绝无仅有的体验，也是专属的独特之旅。

在茶汤的改革上，珠光主张主客平等。他改造了茶室，将草庵四叠半大小的房间规定成真正的茶室，并且将之称作“数寄屋”。“数寄屋”的装饰法则是简朴。另外，珠光对茶器也进行了改革，出现了著名的竹制台子，并且流传至今。

从日本茶道史上看，珠光不仅是茶汤的开山鼻祖，也是茶道名人，《山上宗二记》可以说是珠光流茶道的秘籍。珠光的“茶之道”更重视精神层面，不仅仅是强调技术。

能阿弥和珠光是日本东山时代两位性格迥异的茶人，能阿弥属于贵族派，创建了将军茶道形式。而珠光开创了茶之道，强调做茶时人们内心的精神状态。

茶道能够消除俗世中人与人之间的心灵隔阂，而所谓“侘”或“寂”，实际上是主人接待客人时的心态，以“侘”的心来同化感染客人，并非因为贫穷才靠“侘”来掩饰。

茶道精神来源于普度众生的佛教思想，就像释迦牟尼佛不论阶级力求普度众生一样，大慈大悲的精神才应该是茶道精神的根基。两位茶人都在纷纷扰扰的世道环境下，坚守内心的信念，坚守着属于自己的岁月“侘”“寂”。

而接下来要介绍的绍鸥和千利休是集日本茶道之大成者，他们生活在室町时代末期的战国时代。乱世之中，茶道之路，更是众多纷扰，如何才能坚守内心？茶道让他们流芳后世，茶道的发展和传承也承载着他们的命运，茶知冷暖，莫过于此。

世外桃源堺城是绍鸥和千利休的出生地，应仁之乱前后，京都朝臣中的学者、和尚有很多被疏散到这里，堺城逐渐变成了文化都市。

24 岁的绍鸥在古典文学家三条西实隆处学习歌道，他的艺术素养很高，他意识到练习与构思对茶道的重要性，茶人要加倍努力学习。

绍鸥还曾说，“一年之中，十月为侘”。这里的“侘”又不仅仅是不完美的体现，也并非寒酸趣味，而是把真诚、谨慎、不奢华视为“侘”。绍鸥常年致力于茶道，心无旁骛，在此道上坚持不懈，让我想到当代的“匠人精神”。日本茶具中的“备前面桶”“钓瓶水指”等都与绍鸥大有关系。

之前的茶道风格基本上是珠光茶之道的延续，而到了绍鸥时代则发生了巨大改变，茶道文化开始日本化。

绍鸥之后的茶道名人千利休十分出名，而千利休传奇的一生不能单就茶道或者文化来谈，这是我在读《茶道六百年》时第一次认真留

意当时茶人的时代背景，以及他与当权者之间的关系。

在千利休的故事里，点茶时的沉着冷静让他打败宗久获得丰成秀吉的认可，他不仅得到了强硬的政治背景依托，几乎还和如今抖音微博上的博主一样“一夜爆红”，原本师从宗久学习茶道的人都转投到千利休门下。

《茶道六百年》的作者桑田写出了他对当时战国时代日本茶人的人文关怀，他用了“同情”两字。而恰恰茶人与当权者之间发生的趣事，很像一部矛盾冲突戏剧化的小说——茶的清香、权的碰撞、角色之间的角逐、平民的妥协。

当时日本茶人无论是艺术造诣有多高，首先都要满足当权者的喜好。

桑田在书中感叹做当权者的茶头不易，战国时代的茶人命若浮萍，旦夕祸福。再次放眼我国古代，在乱世中失落的文明比比皆是，当时的茶道映射出了威权统治对普通民众的迫害。

但是换句话说，本是堺城町人的千利休，不仅成为了丰成秀吉的茶道老师，也成了其外交、政治上的顾问。千利休的显赫地位和获得的权势是茶道老师的巅峰，他是日本茶道史上的传奇。

千利休的茶道，现在已是日本茶道的中心，其茶道精髓的继承者是千利休子孙中的三千家。虽然随着当时世道的变革，千利休和当权者的关系崩塌，再加上反千利休派的迫害，使他的人生止于被迫切腹自杀，可是千利休的茶道传统却流传了下来。

千利休的茶道，最关键的是要真心待客，不断地为客人着想，要去掉茶会中那些只为形式而存在的形式，用心促进人与人之间的心灵结合。

虽然千利休一生与权势纠葛，却从未在茶道上失去本心。他在纷扰的乱世中淬炼心性，也寻觅到了属于自己的岁月“侘”“寂”。

如今市面上大部分对日本茶道的评价都是谨小慎微、繁缛琐细的茶道礼仪，过于追求传统，其实不然。这一系列的繁琐仪式正是茶道的善巧方便，通过仪式感十足的流程，歇息这颗红尘俗世惴惴难安的心猿，唤醒尘封已久、“一念不生全体现”“禅茶一味”的禅的本心。

冈仓天心说：“日本茶道的仪式，展现出来的是最极致的饮茶理念，是一种对生命精彩之处的信仰”。

诚然，文章中写到的日本茶道名人生处乱世，茶道是他们生命荒野的绿洲，茶道精神就是他们的信仰，专注茶道更是一种审美，一种文化。传给后人的不仅仅是一种技艺，茶人的心灵导归方式值得我们学习如何才能拥有一颗“禅茶之心”呢？

岁月变迁流逝，茶道纵横百年，知人间冷暖，看世事浮华沧桑。茶禅之道，是日常生活中的一种喝茶的艺术，“侘”不仅仅是一种粗糙质地的茶具，“寂”也不是单指岁月留在上面的包浆。

茶之道，是日常生活中的艺术，更是在纷繁复杂的现代社会中应该坚守的本心！

参考文献：

［日］桑田忠亲，李炜译 . 茶道六百年 [M]. 北京：北京十月文艺出版社，2016.

和五十万读者一起关注